齋藤勝裕 著

食品的科學

晨星出版

● 前　言 ●

　　我們每天都會碰上，每次都很期待再會的東西，就是「食物」。

　　每天的三餐自不用説，點心、和朋友喝一杯談心時，一定會伴隨在我們身邊的就是食物。食物就是我們一生都離不開的重要朋友。

　　本書是想用比較科學的角度來看待食物而寫成的書。也就是用「科學」這個常見的視角，來認識這位人類重要朋友的寶貴特性及特徵。

　　食物也有很多種類型，首先有植物、動物，還有水產類，以及將上述食材加工後的加工食品。特別是日本人的飲食範圍很廣泛，幾乎要懷疑是不是自然界的所有有機物都可以拿來吃的程度。

　　從這個角度來想，日本人和「四腳的東西，除了桌子以外什麼都能吃」的中國人不分軒輊也説不定。

　　本書幾乎列舉了範圍如此廣泛的所有食物，雖説是植物、動物，其主要成分也是碳水化合物、蛋白質、油脂等。而食物中含有的這些成分則有許多種形態、包含各種比例。

　　食物賜予我們「營養」跟「健康」，**提供我們營養的是碳水化合物、蛋白質、油脂**，而**給我們健康的是維生素、荷爾蒙、乙醇或咖啡因等**。

另外，對日本人來說，重視的不僅是營養豐沛的食材本身的樣貌、形狀，將其調理過後盛裝在適切的容器中所展現的美感也同等重要。

　　本書以「食品的科學」為名，但也抱著野心，想連伴隨食材而來的**料理方式、文化傳統、美學觀念、對食物的好奇心**……這些全都一起介紹。

　　無論是食物方面，或是科學方面，筆者都以希望在食物的世界中漫步的心情，寫下了這本書。

　　希望讀者能在閱讀本書之後，了解到平時視為稀鬆平常放入口中的食物究竟有多棒、多麼值得感激。

　　最後對傾力於本書出版的Bere出版的坂東一郎先生、白草的畑中隆先生，以及本書所參考的諸多著作的作者們，在此連同出版社的諸位人士一同致上謝意。

令和元年8月

齋藤勝裕

CONTENTS

第4章 用油脂來打造健康的身體吧！

第5章 透過穀物了解「碳水化合物」的世界

第6章 蔬菜跟水果的特色是什麼呢？

第10章 點心、飲品增添用餐樂趣

第11章 用科學角度看待改良過的食物

第 1 章

水是食物
的基礎

 1-1

水是料理的基本！

──水左右了食物的味道跟品質

　　料理中所使用的食物及食材可說有無限多種類。食物不僅構成我們的身體，也給予我們生存所需的能量，是維持生命所必須的重要物質。如果沒有食物，我們的生命恐怕只能維持幾天吧！所謂的料理，就是將眾多食材以切割、混合、加熱的方式加工後，讓它變得更美味，並讓營養成分變得容易吸收的形態。

　　食品中，我們將那些從自然界取得後未經加熱、加工的東西，如蔬菜、肉、水產、蛋、牛奶等稱為「**生鮮食品**」。相對地，麵包、麵食、點心、酒等經過加熱、加工後的產物則稱為「**加工食品**」。

不過有一種東西，我們一般雖然不稱為食物，但幾乎所有食物都包含它，也是進食時一定要攝取的重要物質。我們如果沒有吃東西還可以活上幾天，但是一旦沒有這個東西，即使要撐過一天也很難。

這個重要的東西就是「**水**」。除了加熱乾燥的食品外，所有的食物都含有水，正因如此，**水會大大影響食物的味道及品質，也會大大左右人類的健康**。本書在介紹食物之前，作為開場，首先來看看水的性質吧。

水冷卻到0℃以下後，就會結凍變成固體（結晶）狀的冰。把冰加熱到0℃後，會熔化（熔解）成為液體狀態的水，而加熱到100℃後則會汽化並成為氣體狀態的水蒸氣。從水壺壺口冒出來的白色蒸氣，混有氣體狀態的水蒸氣及液體狀態的水的微粒，所以蒸氣並非全都是氣體。

固體、液體、氣體一般稱為物質的「**相**」，而熔化、汽化等現象就稱為物質的「**相變**」，各種相變是有專有名詞的。

下一頁的圖中，雖然寫著「把冰加熱到0℃」會熔化、「把水加熱到100℃」會沸騰，但這個說法實際上並不正確。正確來說，必須說「在『1大氣壓下』把水加熱到0℃」「在『1大氣壓下』把水加熱到100℃」，也就是要把條件固定在1大氣壓下才可以。如果氣壓發生變化，則熔化溫度（熔點）和汽化溫度（沸點）也會變化。

標示出在某種氣壓、溫度條件之下，水會以什麼狀態存在，這種圖就稱為「**水的三相圖**」。

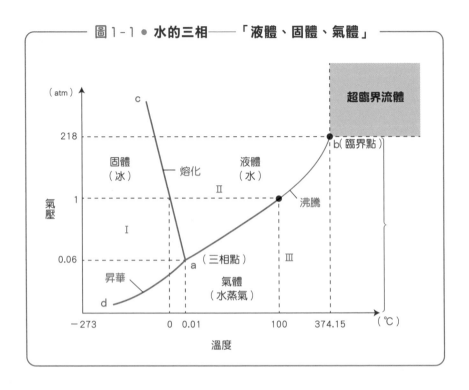

圖1-1 ● 水的三相──「液體、固體、氣體」

（atm）

超臨界流體

218 ------------------------------- b（臨界點）

固體
（冰）

熔化

液體
（水）

Ⅱ

氣壓

1

沸騰

Ⅰ

0.06

a （三相點）

Ⅲ

昇華

氣體
（水蒸氣）

d

−273　　　　0　0.01　　　　100　　　374.15　　（℃）

溫度

　　上圖中，有三條曲線ab、ac、ad區隔出三個領域Ⅰ、
Ⅱ、Ⅲ。水的壓力是P、溫度是T的時候，就可以透過「點
（P,T）在哪個區域」來得知水的狀態。

　　也就是說，如果點（P,T）在領域Ⅰ裡面，水就是變成
了固體的冰；而在領域Ⅱ裡的話，那就是液體狀態。假設點
（P,T）是（1大氣壓，60℃）的話，點會落在領域Ⅱ裡，
也就是說這個條件下的水會是液體。

　　那麼點（P,T）如果是落在區隔領域Ⅱ和Ⅲ的曲線ab
上，那會變成什麼樣呢？這時候Ⅱ和Ⅲ的兩種狀態，也就是
液體和氣體會同時存在（共存），這就是沸騰狀態。由上圖
來看，可以知道水在1大氣壓下100℃會沸騰。

同樣地，點在區隔線 ac 上時，會同時有固體和液體的共存狀態，也就是**熔化**。從圖中可以看出 1 大氣壓下的熔點是 0℃。

那麼線 ad 又表示什麼呢？那就是冰跟氣體共存的意思，也就是固體的冰直接變成氣體的水蒸氣。雖然讀者們可能會覺得不可思議，但乾冰的融解（昇華）現象就是如此。乾冰是二氧化碳（CO_2）的固體，但溫度上升後並不會變成液體，而是直接變成氣體，像這樣的變化稱為「**昇華**」。放在櫃中的固體防蟲劑也是類似的東西。

水的三相圖跟料理有密切的關係，我們來看看幾個例子吧。

○壓力鍋

根據水的三相圖，水的沸點在 1 大氣壓下是 100℃，並且可以得知氣壓如果降低，沸點也會跟著降低。

舉例來說，在高山上氣壓會下降，沸點也會降低，原因在於，不管對水加熱（能量）多少，加入的能量會被當成水的汽化熱所使用，因此無法將水加熱至高於沸點的溫度。

在海拔高度 3776 公尺的富士山山頂上，氣壓約為 0.7 大氣壓，沸點也因此降低到 85℃，把水加熱到 85℃ 就會沸騰，之後就算再怎麼加熱，能量也會用在蒸發上，水的溫度不會超過沸點的 85℃。

像這樣在富士山頂上煮飯，米的溫度也是停在 85℃，也就是說，不管煮多久，米心都會是硬的。

但如果使用壓力鍋，鍋裡充滿水蒸氣後會導致鍋裡壓力上升，從而導致沸點也跟著上升，鍋內會達到120℃，因此連魚骨也會煮到變軟。

○冷凍乾燥

我們來看看三相圖中 ad 線的昇華。昇華發生的條件是點（P,T）要在區隔線 ad 上，所以比點 a 高溫高壓的條件下就不會發生昇華。換言之，0.06 大氣壓時溫度必須在 0.01℃ 以下，才不會發生昇華。含有水的食物如果放在這個條件下，首先食物中的水分會結冰，之後就會汽化變成水蒸氣，這種料理方法一般會叫作**冷凍乾燥**。

在 1 大氣壓條件下想要讓水汽化來除去水分，除了沸騰以外沒有別的辦法。也就是說，必須用 100℃ 持續加熱食物。而這樣持續滾煮食物之下，味道跟口感都會被糟蹋掉。

○水波爐

水波爐以一句廣告詞「可以用水烤魚」而廣為日本人所知。水當然是可以「煮」魚，但「烤」魚是怎麼回事呢？雖然說到水就會先想到液體，但就像前面提過的，水也有氣體形態，也就是水蒸氣。水蒸氣是氣體，這點跟空氣和混合石油氣燃料相同，但水蒸氣跟混合石油氣燃料不一樣的地方是不會燃燒。

換言之，**水蒸氣跟高溫的空氣一樣，可以加熱到幾百℃、幾千℃**，水波爐就是這樣使用高溫水蒸氣來加熱食

物。

　使用水蒸氣也是為了加熱的效率，就像夏天會在地面上灑水那樣，可以得知水變成水蒸氣時會需要大量的熱能（汽化熱：1大氣壓下25℃的話，每公克需要584卡）。這表示水蒸氣要變回液體時，也會釋放出同樣大量的熱，水波爐不只是用高溫水蒸氣來加熱，那些水蒸氣碰到食物並變回液體時，還會進一步讓食物繼續加熱，是兩段式的加熱裝置。

食 品 之 窗

三相點的水是怎樣的呢？

　區分相態的三條曲線匯集的點 a，就稱為「三相點」。點（P,T）跟三相點 a 重疊，也就是說，在 0.06 大氣壓、0.01℃的條件下，水會變得怎樣呢？

　這種情況下，三相（固體、液體、氣體）會共存。也就是說浮著冰的水會激烈沸騰，要是居酒屋的 Highball 或是南冰洋沸騰並激烈冒出泡泡，就連企鵝看了也會嚇到吧。

　但是不用擔心，0.06 大氣壓幾近真空，這種條件在自然界中絕不會發生，只有在實驗室的特殊裝置中才會發生這種現象，敬請安心。

 # 小麥粉或砂糖可溶於水嗎？

—— 熔化跟溶解是不同的

像糖水這樣溶入了其他物質的液體就稱為**溶液**。被溶解的物質是**溶質**，溶化東西的是**溶劑**，以糖水來說，砂糖是溶質，而水就是溶劑。

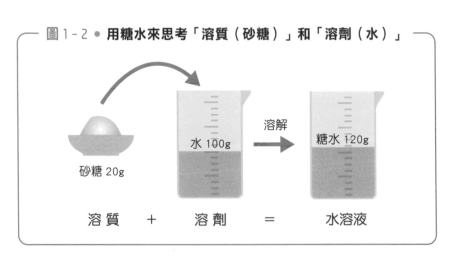

圖 1-2 ● **用糖水來思考「溶質（砂糖）」和「溶劑（水）」**

砂糖 20g

水 100g

溶解

糖水 120g

溶質　＋　溶劑　＝　水溶液

食材中有可以溶於水跟不能溶於水的。有些東西乍看可以溶解，但其實溶解不了。那麼是什麼決定「可以溶解、不能溶解」呢？

對溶解性質有很大影響力的是分子性質及構造，雖然讀者們可能會覺得麻煩，但這是用科學來了解「料理」的重要

概念，一起來看看吧。

　　首先我們從性質來看。透明且堅硬的結晶食鹽（氯化鈉）NaCl 可溶於水，但同樣硬且透明的玻璃卻不能溶於水，這是為什麼呢？

　　物質可溶及不可溶的現象雖然很不可思議，但一般有個說法是「**相似的物質可以讓相似的物質溶解**」。

　　食鹽的分子式是 NaCl，食鹽是離子化合物，而鈉 Na 會失去電子變成陽離子 Na^+，相反地，氯 Cl 則會奪走電子而變成陰離子 Cl^-。

　　水也是離子化合物，因此兩者在離子性質上有類似性質，因此可以溶解。相對地，玻璃沒有離子性質，所以就不會溶於水。

　　一般說法是黃金只能被王水（硝酸跟鹽酸的混合物）溶解，但沒有這回事。反而可以在水銀 Hg 中溶成泥狀的汞齊（水銀合金）。這是因為兩者都是金屬，性質相似的關係。

　　接下來，來看物質構造的影響吧。砂糖 $C_{12}H_{22}O_{12}$ 和油脂或蛋白質一樣是有機物，雖然沒有離子性質，但**砂糖可溶於水**，可溶的理由是因為砂糖的分子構造。

　　砂糖的分子構造如下一頁的圖所示，1 分子中有 8 個羥基基團（羥基）。水分子中也有 H-OH 這樣的 1 個羥基基團，因為**分子構造很相似，所以砂糖可溶於水**。

　　附帶一提，就像冰變成水那樣，**單純是固體變成液體的現象稱為「熔化」**。相對於熔化，**像糖水這樣溶解於溶劑中**

的現象稱為「溶解」。

圖 1-3 ● 來試著看看砂糖的分子構造

CH_2OH

CH_2OH

H   O   H

H   OH   H

HO

H   OH   H

O

O

H

H   HO

CH_2OH

OH   H

砂糖可溶於水是因為有 8 個 OH

「可溶解」指的是什麼呢？物質要可以溶解，有兩個條件，那就是：

①物質可以分解變成一個個分子的狀態。

②物質的分子可以被溶劑的分子所包圍。

②的狀態一般稱為**溶劑化**，溶劑如果是水的話，也特別稱為**水合**。這種狀態的溶液一般會是透明的。

溶劑分子

物質分子

一般會說「把小麥粉溶在水中」，但進入水中的小麥粉絕不會變成一個個澱粉分子，也不會溶劑化。所以，**將小麥粉溶於水後的東西是水跟小麥粉的混合物，而不是溶液。**

1-3

酸性食品、鹼性食品是什麼？

——調查看看水的種類跟性質吧

食物中有**酸性食品**、**鹼性食品**的區別，讀者應該也聽過類似的詞吧。

講到酸性食品，可能會不禁覺得「喔，是酸酸的食物嗎？」但**酸酸的梅乾跟檸檬，其實是「鹼性食品」**。

相反地，**一點也不酸不苦的肉跟魚反而是「酸性食品」**。為什麼會這樣呢？怎麼跟人的認知是相反的？

這一節我們就來調查跟料理關係匪淺的「酸性食品」「鹼性食品」吧。為此，我們需要先知道水的種類跟性質。

○硬水跟軟水

水有很多種分類，有好喝的水，當然也有難喝的。這就表示**平常被稱為「水」的液體不是「純粹的水」，而是溶解了許多物質、成分複雜的溶液**。

水的種類中為人所熟知的是**硬水**、**軟水**。水中溶有鈣 Ca、鎂 Mg 等金屬元素（礦物質）。**而金屬元素量多的水就稱為硬水，少的就稱為軟水**。

圖 1-4 ● 硬水跟軟水的標準是？

硬度 mg/L	硬水、軟水程度
300	非常硬的水
240	
180	硬水
120	中等程度的軟水
60	軟水
0	

　　具體來說，將1L（公升）水中含有鈣或鎂的量換算成碳酸鈣CaCO₃，所得出的量可以決定水的硬度。硬度與水的種類關係就如上表所示。

　　一般說法是日本的水以軟水居多，歐洲的水以硬水居多。

　　而且，雖然軟水容易被認為適合拿來做飲料，但並沒有這回事。味道與個人喜好有關，而**硬水適合補充礦物質**，現在很受歡迎的礦泉水evian，硬度超過了300。

　　用來製造日本酒的水中相當有名的「**灘的宮水**」，也是流經六甲山脈地下而溶入了礦物質，成為硬水。

○酸、鹼的差別？

酸性、鹼性是水溶液的性質中很重要的一種。而酸性、鹼性的來源就是酸根、鹼基，所以先了解酸根跟鹼基是很重要的。

「酸、鹼的定義」有好幾種，而那部分我們就交給化學教科書來說明。在本書中，我們只記錄最一般的定義：

（1）酸：可溶於水，會放出氫離子H^+的物質

　　例：碳酸　$CO_2 + H_2O \rightarrow H_2CO_3 \rightarrow 2H^+ + CO_3^{2-}$

（2）鹼：可溶於水，會放出氫氧根離子OH^-的物質

　　例：氫氧化鈉　$NaOH \rightarrow Na^+ + OH^-$

（3）兩性物質：同時會放出H^+和OH^-的物質

　　例：水　$H_2O \rightarrow H^+ + OH^-$

「酸、鹼」雖是物質種類，但加上「酸性」「鹼性」的「性」後，就成為水溶液的性質了。也就是說，**讓酸溶解的水為「酸性」，而讓鹼溶解的水則是「鹼性」**。

標示出酸性或鹼性強度的標準，就是**氫離子濃度指數（pH值）**，pH值的定義跟計算式會使用到對數較為麻煩，只要記住以下幾點應該就很方便了：

①中性是pH=7。

②pH比7小的物質是酸性，pH比7大的是鹼性。

③pH數值差1，則H^+濃度差10倍。

製作料理所不可或缺的「水」是酸性的，還是鹼性的呢？如果讓水分解（游離）的話，如前頁（3）所述，會分出一個 H^+ 和一個 OH^-，所以水不是酸性也不是鹼性，是「中性」。

那麼同樣是水，雨水是酸性，還是鹼性的呢？想知道的話，只要調查**溶於水之後出來的是氫離子（H^+）還是羥基（OH^-）就可以知道了**。

雨水通過空氣降到地面上的期間，會吸收空氣中的二氧化碳，看（1）可以得知二氧化碳和雨水反應後，會變成名為碳酸 H_2CO_3 的酸，並釋放出 H^+，因此，**所有的雨都是酸性的**。通常雨水會是 pH5.4 左右的強度，但**酸雨**的 pH 值會比 5.4 更小，是一種特殊的雨。

日常隨處可見之物的酸鹼性，我們用下圖來呈現。

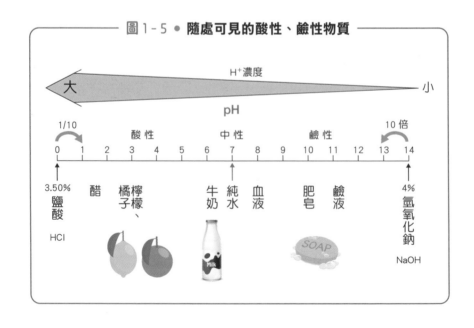

圖 1-5 ● 隨處可見的酸性、鹼性物質

酸性食品、鹼性食品是什麼？

22

如本節最初所提到的，食物可分為**酸性食品**和**鹼性食品**。

食物的酸性、鹼性並不是食物本身的性質，而是根據食物燃燒後剩下的物質（灰）溶於水後的溶液性質來決定。

如果試著燃燒植物，植物的大部分成分為纖維素或澱粉。這些是由碳C、氫H、氧O所構成的碳水化合物$C_m(H_2O)_n$。而這些燃燒後會變成二氧化碳跟水，並揮發掉而消失。

但是燃燒植物後一定會留下灰燼，那些灰燼是什麼呢？

植物中含有**礦物質**，也就是金屬成分。灰是金屬的氧化物，植物含有的三大營養素為氮N、磷P、鉀K，鉀燃燒的話會成為氧化鉀K_2O（正確來說是碳酸鉀K_2CO_3），這是最強的鹼基。因此梅乾跟檸檬等所有植物都是鹼性食品。

另一方面，肉跟魚主要的成分是蛋白質，蛋白質含有氮N跟硫S，氮經過氧化後會變成NOx（氮氧化物），溶於水中就會成為硝酸HNO_3等強酸。硫經過氧化後會成為SOx（硫氧化物），溶解後也會成為硫酸H_2SO_4等強酸。因此肉跟魚就被稱為酸性食品。

鹼基跟鹼是同樣的東西？還是不同？

　　日本人在小學時有學過「酸、鹼」。然而，進入高中後就變成了「酸根、鹼基」，鹼和鹼基是一樣的嗎？還是不同東西呢？

　　「鹼基」是化學上有明確定義的術語。而「鹼（Alkali）」則是從中世紀的阿拉伯化學所繼承下來的用語，定義模糊。根據不同人的角度，鹼可以是：

　　・含有鈉 Na、鉀 K 等鹼性金屬元素的鹼基。

　　・物質本身含有可變成 OH^- 的羥基基團的鹼基。

等不同的看法。

　　總而言之，**鹼就是鹼基的子集合**，所以化學家不是用「鹼」而是「鹼基」這個字。

　　但是食品跟營養方面的領域似乎也會用「鹼」這個說法，所以這樣來看，大致上可以想成：

　　「鹼基」不完全等於「鹼」。

　　總之，不要太介意會比較好。

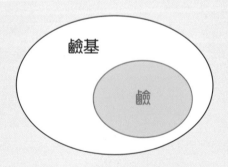

肉類
是蛋白質的
寶庫！

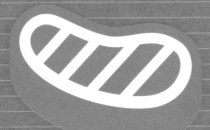

2-1

🥩 試著澈底了解牛肉吧

──哪些部位能吃呢？

　　肉類是很重要的一種生鮮食品。日本一般肉店會擺出來的種類並不多，即使這樣還是有牛肉、豬肉、雞肉等種類。有些店家會販售羊肉、鴨肉，甚至部分鮮魚店還會擺出鯨魚肉。

　　但人們大多購買的是牛肉、豬肉、雞肉三種。首先我們來看看牛肉吧。

　　牛肉的分類很複雜，首先，分為日本國產牛肉跟進口牛肉，**進口牛肉**就是在外國飼養，在外國處理好並進口到日本的肉。2009 年日本的**牛肉消費量達 120 萬噸，其中進口牛**

─── 圖 2-1 ● **日本的牛肉國內生產量及進口量** ───

	昭和 55 年 （1980）	平成 2 （1990）	7 （1995）	12 （2000）	17 （2005）	20 （2008）	21 （2009）	22 （2010）	（目標） 32 （2020）
每人平均消費量 （kg／年）	3.5	5.5	7.5	7.6	5.6	5.7	5.9	─	5.8
日本國內生產量 （萬噸）	43.1	55.5	59.0	52.1	49.7	51.8	51.6	─	52
進口量 （萬噸）	17.2	54.9	94.1	105.5	65.4	67.1	67.9	─	

出處：日本農林水產省 http://www.maff.go.jp/j/wpaper/w_maff/h22/pdf/z_2_2_2_4.pdf

肉為68萬噸，占58％的消費量。進口牛肉主要的生產地是美國、澳洲、紐西蘭。

另一方面，日本**國產牛肉**可分為「和牛」和「國產牛」，和牛相當於「國產牛」中超級菁英的一群牛。**和牛分為「黑毛和牛」「褐毛和牛」「無角和牛」「日本短角種」4個種類，以及彼此的混血種**共5個種類，其他都不被認定為「和牛」。只有從這5種牛身上取得的牛肉，才能稱為和牛。

和牛以外的日本牛肉全都稱為「（日本）國產牛肉」，國產牛中有乳牛荷斯登牛，或是和牛與其他牛種的混血等牛隻。

另外，**在國外出生長大的牛，如果被運來日本養有時也可以被認定為「國產牛」**。但是只限牛有一半以上的飼養期間在日本，這種情況下才可以認定為國產牛。

一般容易認為肉質好的是和牛，但最近也有人因和牛油花比例太高敬而遠之，所以哪種肉比較好，是看消費者的喜好。

更進一步地說，「和牛」「國產牛」之間也有不同，那就是產地差別。有一段時間「松阪牛」被視為特別的牛肉，現在當然也還是。就算沒有那麼誇張了，但似乎也還留有一點對產地的迷思。另外，依據產地不同，也有些地區會把地方品種彷彿當成自家公司品牌那般堅持。

關於「和牛」「國產牛」的分類如下頁的圖所示，某種程度上賦有統一的階級。

圖 2-2 ● 和牛、國產牛的區分

內容等級	BMS	品種
5	No.12	
	No.11	仙台牛 [+3]、佐賀牛 [+4]、神戶牛 [+5]、前澤牛、若柳牛、常陸牛、阿波牛、宮崎牛、米澤牛 [+6]、飛驒牛、熊野牛 [+7]、大分豐後牛、石垣牛、松阪牛、伊賀牛、近江牛、三田牛、大和牛、島根和牛、干屋牛
	No.10	
	No.9	
	No.8	
4	No.7	仙台黑毛和牛、佐賀產和牛、但馬牛、宮崎和牛、飛驒和牛
	No.6	
	No.5	
3	No.4	
	No.3	
2	No.2	宮崎和牛、飛驒和牛
1	No.1	飛驒和牛、豐後牛

○肉質等級：由4個要素構成（油花比例、脂肪顏色及品質、肉的色澤、肉的緊實度及肌理）。
○BMS：表示霜降分布的油花比例（BMS），可評比為12個等級。
○品種：粗體字是一般稱為三大和牛的品種。然而，是哪三個品種並沒有正式決定。

以 Wikipedia 資料為基礎並修正部分資訊

　　「和牛」「國產牛」的區分標準是看紅肉中分布多少油花的比例，也就是「油花比例、BMS」。根據這個標準，如表的左側所示可分為 12 個等級。雖然不會明確標示這個 12 級制給消費者看，但有時超市陳列的肉品上也會標示將 12 級大致區分成 5 個等級後的肉質等級（表的最左端）。

　　另外，牛肉中也有加上**產地名**販售的商品，這個分類就是表中的「品種」一欄。神戶牛、米澤牛、松阪牛等過去稱為**三大和牛**，等級就如圖所示。僅有 4 級以上的牛肉才能獲

准以「神戶牛」命名，而米澤牛的肉品中則包含了 3 級的牛肉。松阪牛雖然沒有等級之分，但可能是有自己的等級區分吧。

牛肉依據採取的部位不同，味道跟口感也有很大差別，因此各部位都有固定的名稱，如下圖所示。

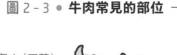
圖 2-3 ● 牛肉常見的部位

① 頸肉 　　⑧ 胸腹肉（五花）
② 肩胛肉 　⑨ 內側後腿肉
③ 上肩胛肉 ⑩ 後腿股肉
④ 前胸肉 　⑪ 後腰脊部
⑤ 菲力 　　⑫ 外側後腿肉
⑥ 肋脊部 　⑬ 牛腱
⑦ 前腰脊部

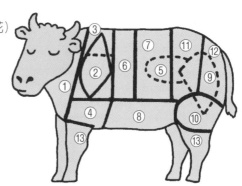

來看看主要部位的特徵吧。

○**上肩胛肉**：上肩胛肉是從肩膀到腰為止的背部肉。所謂的上肩胛肉說的是肩上的板腱部位，也是紋理最細緻且軟嫩的地方。

○**胸腹肉**：這個部位通常稱為「牛五花」，纖維跟筋膜較多，肉的紋理也粗，但因為有霜降，擁有濃厚的風味。一般會用在大眾料理的牛肉蓋飯或烤肉。

○**菲力**：肉質最軟嫩的部分。一頭牛能取得的菲力只有 3% 左右，價格也是最貴的，料理時要注意不要加熱

過頭。

○**肋脊部**：胸部肌肉中肉最厚的部分，通常日文被稱為里肌（ロース）的就是這個部分。會用在壽喜燒、涮涮鍋、英式烤牛肉、牛排等代表性的牛肉料理。

○**沙朗**：日文中被稱為腰脊（loin）的牛肉部位有三個（肋眼、沙朗、菲力），其中冠以沙朗稱號的部位擁有最棒的肉質，也是代表性的牛排部位。沙朗的「朗」指的是部位的名字，跟里肌是同樣的意思。有一說英王亨利8世因為這個部位的牛排太好吃而感動地給予「沙（sir）」的稱號。說到沙（sir）就是英國會給予騎士的稱號（女性的話則是有相當於sir的dame）。但是法語中是選用sir「上等的」的意思，到底哪個說法才是正確的，我們不得而知。不論如何，反正是稱讚的話不會錯。

○**丁骨（T型骨）**：沙朗牛肉還附著在骨頭上，並且連同內側的菲力一起切下的部位。斷面的骨頭形狀是T字型，所以被這麼稱呼。可以同時品嚐富有風味的沙朗和柔軟的菲力兩種肉，所以被說是最棒的牛排部分。

2-2

🍖 豬肉是日本使用量最大的肉

──紅豬、黑豬、無菌豬、SPF豬？使用的部位是？

　　日本人平常食用的哺乳類肉品中，牛肉跟豬肉應該是最普遍的吧。其他哺乳類有Mutton這類羊肉或是鯨魚肉，雖然食用量比較少。

　　西元2009年（平成21年）日本國內的**豬肉使用量約160萬噸，其中進口肉占約70萬噸**，整體使用量約45%是

圖 2-4 ● **日本豬肉使用量中有 45% 是進口肉**

【豬肉】日本國內生產量 （2016年）	【豬肉】主要生產地（生產量市占率） （飼養頭數的數據：至2017年2月1日止）		
894千噸	鹿兒島縣 1,327千頭（14%）	宮崎縣 847千頭（9%）	千葉縣 664千頭（7%）

【豬肉】價格、生產量、進口量的變化（日圓/kg・千噸）					
年度	2012	2013	2014	2015	2016
日本國內價格	629	713	847	771	754
國際價格	526	529	556	532	526
國內生產量	907	917	875	888	894
進口量	760	744	816	826	877

出處：食用肉流通統計、畜產統計、貿易統計（註）部分的肉相關數據
　　　日本國內價格：農林水產省省令價格（採計東京及大阪中央集貨市場之「極上・上」等級
　　　的加重平均值、國際價格：CIF平均單價）

進口肉。主要進口國為美國、加拿大、丹麥、墨西哥等。

　　豬肉的美味是依豬的品種而定，正因如此，許多種類的豬以食用為目的被人類飼養，我們來看看主要種類吧。

　　○**約克夏**：英國原產的中型白色豬，在所有品種中肌肉纖維最細且柔軟，脂肪品質也很優秀而被認可是美味的豬肉，現在是稀少種。

　　○**盤克夏**：英國原產的盤克夏豬和各種豬雜交後產生的品種，因為是黑色所以一般稱為「**黑豬**」，以身體強健且里肌肉中心部位很大、肉質良好而著名。

　　○**杜洛克**：以紐約州的杜洛克為名的紅豬跟紐澤西州的澤西紅豬交配而成，因為身體是紅色的所以又稱為「**紅豬**」。日本戰後最早開始進口的種類。

　　○**藍瑞斯**：丹麥的原生種跟約克夏種交配後誕生的白色大型豬，成長很快所以所需飼料較少，背脂肪也比較少而相當優良。日本國內飼養的純種豬中也是以此種類居多。

　　○**三元豬**：將上述舉例的純種豬中選出三個品種來使之交配的「一代雜種豬」。**是為了利用雜種基因較強勢的現象，而希望誕生出擁有各品種強項的豬**。這種豬用於食用，所以只會有一代，不會留下後代。

跟牛肉一樣，豬肉各個不同部位的味道也有所不同，我們來看看主要部位的名字跟特徵吧。

○**胛心肉**：是經常運動的部位所以較硬，且肉的紋理也比較粗，特徵是紅肉部分較多。用在燉煮料理等長時間熬煮的料理會有很多膠原蛋白而十分美味。

○**肩胛肉（梅花）**：紅肉中混有油花，帶著豬肉特有的層次感及香氣。可以切成絞肉、切丁、薄片應用在各種料理上，也適合做成薑燒豬肉和醋溜豬。

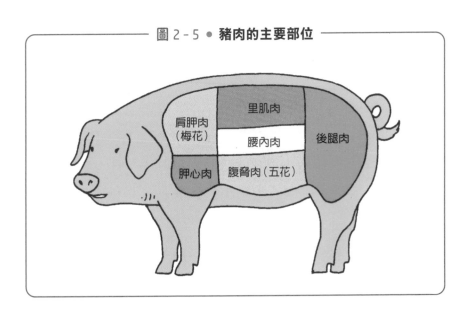

圖 2-5 ● **豬肉的主要部位**

○**里肌肉**：肉的紋理細緻柔軟，脂肪也有鮮味。嫩煎豬肉或烤豬肉都很適合。

○**腰內肉**：肉量不多的貴重部位，在豬肉中被視為最上等的部分。脂肪少而味道較淡，所以適合炸豬排或嫩煎豬肉等使用油的料理。

○ **腹脅肉（五花）**：肉質柔軟，紅肉跟脂肪形成層狀為其特徵。帶骨的話稱為**豬肋排**（帶骨五花肉），烤肉時會使用。另外，也很適合燉煮跟叉燒等需要長時間烹煮的料理。

○ **後腿肉**：肌肉多而脂肪少，紋理細且肉質柔軟。整塊烤或叉燒都很適合。接近屁股的外後腿肉部分肉質較硬，且紋理也會有點粗，薄切後做成豬肉味噌湯相當好吃。

最近常聽見「**無菌豬**」，這到底是怎樣的豬呢？因為豬肉有時會被豬霍亂沙門氏桿菌或豬肉條蟲這類寄生蟲所汙染，如果直接生吃這種豬肉的話，人也會被感染，所以不能生吃豬肉。

但是有一種被稱為無菌豬的特殊豬肉，有一種說法是「只要是無菌豬就可以生吃」，這到底是真是假？**簡單扼要地說，這是誤會**。

所謂的無菌豬是指從親代開始就嚴格管理在無菌室中的豬，而這些豬專門被用於實驗，所以並不會被食用，更不會出貨到肉舖。

一般所謂的無菌豬都是指 **SPF 豬**，這是在清潔的環境中被用乾淨的飼料養大的豬，也就是**「沒有受到特定的指定細菌所感染的豬」，絕不是「無菌豬」**，SPF 豬應該稱為「健康豬」或「健全豬」才對，所以SPF豬不能生食。

其他哺乳類的肉

——羊、馬、鹿、野豬、鯨魚……

　　來看看牛肉、豬肉以外的肉吧！最近流行食用野生動物肉或鳥肉之類的**野味**，只要透過網購等管道就能購買到許多種類的肉。

　　日本過去主要的羊肉食用方式是以蒙古烤肉為主的烤羊肉，但是因為羊肉有獨特的味道（騷味），確實也有人會討厭。羊肉分為從未滿 1 歲的小羊身上採取的**羔羊肉（lamb）**及較老的羊身上獲取到的**成年羊肉（Mutton）**。羔羊幾乎沒有腥味，也較柔軟易入口，所以被稱為「羊排（lamb chop）」而受到喜愛。

　　Mutton 的羊騷味主要源自於脂肪。也有人認為，若撇

除羊騷味不談，最鮮美的羊肉應為 Mutton 莫屬。

商業捕鯨因為被國際捕鯨委員會禁止，所以現在能在日本市場上流通的鯨肉，都是基於調查鯨類生態名目而得到的鯨肉，所以量是很有限的。

但由於 2019 年日本退出了這個委員會，所以今後可能會有更多鯨肉流通到市場上。現在市場上的鯨肉種類有長鬚鯨、小鬚鯨、塞鯨、布氏鯨、貝氏喙鯨等各種種類。料理種類有培根、大和煮、生魚片、鯨皮（晒し鯨）、鹽漬鯨肉等，多樣化令人訝異。也顯示出日本人一直以來都將鯨肉當成貴重的蛋白質來源。但是最近年輕人顯然對鯨肉食品敬謝不敏，所以之後吃鯨肉的文化還能存續多久，就不得而知了。

馬肉又被稱為**櫻肉**，顏色是很深的紅色。蛋白質多而脂肪少，因此被視為低熱量的健康肉品而受到人們喜愛，多數的馬肉來源是原本作為賽馬，但因為高齡或受傷等緣故而不能再出賽，因而成為食用肉的樣子。

另外，較不常見的肉如鹿、野豬、熊、兔等野生動物的肉也可食用，但是恐有寄生蟲或疾病的疑慮。**冷凍鹿肉**曾引發過中毒事件，兔子則可能有兔熱病。應該極力避免生食野生動物的肉。

其他哺乳類的肉

最美味的肉其實是老鼠肉？

全身覆蓋鱗片的哺乳類動物穿山甲雖然是瀕危動物，但因為在中國，穿山甲肉被認為具有療效，且鱗片還能保平安，因此盜獵者層出不窮。

穿山甲　　　　　　　　　　蝙蝠

當然何謂美味、哪種東西好吃是見仁見智，但其中有一種說法是「哺乳類中最美味的是老鼠」，這種說法如果傳開來，或許溝鼠會被吃光而消失也說不定。

空中飛的蝙蝠也是正統的哺乳類，據說種類有980種以上，說起來味道應該是依種類而異才是。聽說翅膀長度可達2公尺的水果蝙蝠（一種狐蝠）非常美味，如果有機會的話，或許值得一試。

2-4

🥩 鳥肉很健康

——低熱量又低脂肪的人氣「健康肉」

20世紀末時，紐西蘭的一種斑點鶇肉被發現有毒，但至今還沒有發現其他對人體有害的鳥肉。鳥肉，特別是雞肉受到很多人的喜愛。

提到鳥肉，一般都是指雞肉（日本有些地方還會用「柏」〔Kashiwa〕代稱土雞〔黃雞〕）。但是雞也有許多種類，首先我們來看看雞的種類吧。

○**軍雞**：大型雞，羽毛為茶褐色，被用於鬥雞或食用雞。

○**烏骨雞**：體型較小的雞，被認為有高營養價值。

○**肉雞**：食用的雛雞，會在雞場大規模飼養。

○**地雞**：日本特定地區自古以來飼養的雞，也有復育已滅絕品種的例子。一般來說，要標示為地雞有品種、飼育期間等條件限制，有名的地雞如名古屋交趾雞、比內地雞等。

都市的肉店要買「鳥肉」的話，能買到的大多數都只有雞肉。所以我們關注的並非鳥的種類，而是雞肉部位的差

異。就跟牛肉和豬肉一樣，雞肉的不同部位也有固定的名稱。

○ **雞胸肉**：脂肪少，煮太熟會有柴柴的口感，歐美最喜歡的部位，但日本人則沒那麼喜歡。近年來因為**低卡路里、低脂，被當作減肥食材**而受到歡迎。

○ **雞脯肉**：接近雞胸肉的部位。脂肪少、口味清淡。形狀像竹葉所以日文稱為竹葉肉。

○ **腿肉**：脂肪多、紅肉帶有層次感。

○ **雞翅**：翅膀的部分。肉雖不多但含有豐富的膠質及脂肪，主要用於炸雞、燉煮、高湯。另外，將一部分的肉從骨頭上分開並翻過來，很方便用手拿著吃的料理稱為「鬱金香型雞翅」，會做成炸雞。

　雖然在日本比較少見，但人們也會吃雞以外的鳥肉。

　火雞是大型鳥類，野生種是紅跟藍相間的複雜顏色，但為了食用而養殖的品種是白色。脂肪少所以被認為很健康，主要用烘烤或是燻製。在歐美是耶誕節不可或缺的料理。

　鴨肉，一般在日本超市販售的鴨肉大多是**合鴨**，也就是綠頭鴨和家鴨的雜交種。跟家禽的鴨子相比，家鴨的缺點是體型較小、肉也比較少，生長需要花較多時間。也因此，比起為了食用而飼養家鴨，更常是養來除田裡的雜草或害蟲而放牧在田中，最終變成菜餚的案例頗多。

　合鴨肉跟家鴨相比一般脂肪較多，肉本身也沒有特殊味道，肉質柔軟，味道比較淡。通常用在鴨肉鍋或是鴨里肌。

駝鳥、珠雞、日本鵪鶉等也會食用，但並不常見。

日本根據狩獵法，有狩獵野鳥的限制，因此能食用的野鳥（野味）只限綠雉、銅長尾雉、竹雞、野鴨類、鷸科、麻雀等。

2
|
4

食品之窗

兔子曾經是鳥？

佛教傳入日本後，古代日本人吃肉的機會似乎就變少了。即使如此，平安時代的貴族菜單中還是有「鹿肉乾」，所以似乎也不是完全禁止吃肉。

但是一般人似乎沒有吃牛或豬等大型動物的機會，要說有機會吃的哺乳類，頂多也只有兔子了。即使如此，或許因為吃哺乳類還是會有罪惡感吧，所以似乎就自我說服「兔子不是獸類，是鳥」。

從日文計算兔子數量的量詞就能略見一二，日文中計算動物的量詞為一匹、兩匹，但計算兔子時使用的量詞與鳥類相同，都是一隻、兩隻（羽）。或許是將兔子長長的耳朵比擬為鳥的翅膀也說不定。

2-5

🥩 來比較肉類的營養價值

——牛肉含有鐵質、豬肉有維生素、雞肉健康

食物中有數也數不清的成分，主要有蛋白質、醣類、脂質，還有微量成分如膽固醇、維生素、礦物質（主要是金屬元素）等。**肉類營養價值的特徵是含有豐富的蛋白質**。組成肉類的成分整理在下一頁的表中。

牛肉是含有高蛋白質的優良食品，富含血紅素，特色是鐵質很多，很適合容易貧血的人食用。但是看到次頁的表就能理解，依據不同部位，營養成分會有很大差異。

首先脂質的量（脂肪合計）肋脊部（52g）和腿肉（29g）就有很大差別，脂質含有飽和脂肪酸跟不飽和脂肪酸（參照第4章），肉類與蔬菜、水產類相比，含有更多飽和脂肪酸。牛肉不管哪個部位的飽和脂肪酸都有大概33%的比例。

卡路里部分，含有許多脂質的肋脊部和紅肉部分多的腿肉也有很大差別，脂肪多的肋脊部（539大卡）比紅肉多的腿肉（343大卡）卡路里更高，這也是當然的。而相對來說，蛋白質的量則是腿肉比較多。

膽固醇含量來説，無論是98mg的胸肉，還是85mg的腿肉，膽固醇的數值都相當高。

圖2-6 ● **牛肉、豬肉、雞肉、其他肉類的營養成分**

每100g

		熱量	水分	蛋白質	全脂質	飽和脂肪酸	膽固醇	食鹽相當量
		kcal	g	g	g	g	mg	g
雜交種牛	肋脊部	539	36.2	12.0	51.8	18.15	88	0.1
	胸肉	470	41.4	12.2	44.4	14.13	98	0.2
	腿肉	343	53.9	16.4	28.9	9.63	85	0.2
豬	肩胛肉	253	62.6	17.1	19.2	7.26	69	0.1
	腹脅肉	395	49.4	14.4	35.4	14.6	70	0.1
	後腿肉	183	68.1	20.5	10.2	9.5	67	0.1
雞	胸肉（帶皮）	244	62.6	19.5	17.2	5.19	86	0.1
	腿肉（帶皮）	253	62.9	17.3	19.1	5.67	90	0.1
	脯肉	114	73.2	24.6	1.1	0.23	52	0.1
羊肉	肩肉	233	64.8	17.1	17.1	7.62	80	0.2
	鯨肉（紅肉）	106	74.3	24.1	0.4	0.08	38	0.2
	馬肉（紅肉）	110	76.1	20.1	2.5	0.80	65	0.1

出自日本食品標準成分表（7版）

豬肉及牛肉同樣是營養均衡的優良食品，特別是**豬肉含有豐富的維生素B1等維生素B群及鋅、鐵質、鉀等**。

豬肉的熱量一般比牛肉少一點，蛋白質的量則比牛肉還要多一些，所以**豬肉跟牛肉相比，擁有「低卡路里、高蛋白質」的特性**。另外，飽和脂肪酸跟膽固醇也比牛肉低，是想要吃得健康的消費者會喜歡的肉。但是鐵質只有牛肉的一半到三分之一以下，相當低。

雞肉的營養價值依據部位有很大的不同。一般卡路里比牛肉跟豬肉低，相反地，蛋白質較多，所以也是低卡路里、高蛋白質的肉品，但是膽固醇會稍微多一些。

　　雞脯肉的卡路里可說是低得不像肉，相對地，蛋白質卻比牛肉、豬肉還多。而脂質是 1.1g，脂肪含量在肉品中也是少得令人吃驚。膽固醇也比較低，所以可以説是非常優秀的肉品。

　　羊肉是低卡路里、高蛋白質、低脂質，但膽固醇跟牛、豬肉幾乎相同。

　　馬肉低卡路里、高蛋白，膽固醇也低，相反地，鐵質比其他肉更多。

　　鯨魚肉很類似馬肉，只是脂肪更低，膽固醇跟其他肉類相比也是最低的，不得不説是優秀的食用肉。

2-6

🥩 蛋白質的作用是？

——蛋白質以酵素的方式擔負起「生命活動的中心」

　　肉的主要成分是**蛋白質**。蛋白質是肌肉的主要成分，也容易被當成烤肉的重點，但只有這點認識對蛋白質可是很失禮的。**蛋白質不只是構成動物身體的肌肉成分，也以各種酵素的角色來成為「生命活動的中心」**。要是沒有**酵素**，生命體就算 1 秒也活不下去，就是如此重要。

　　蛋白質是非常長的分子，那是因為有幾百、幾千個單位分子的**胺基酸**連在一起。這樣的分子一般就稱為**高分子**，像聚乙烯和 PET 就是有名的高分子。

　　同樣地，蛋白質或澱粉、纖維素也是高分子，我們會稱呼這類自然而生的高分子為「天然高分子」。

　　所有的天然高分子進入到人體內就會進行**水解**，接著被分解為單位分子。

$$\text{蛋白質} \xrightarrow{\text{水解}} \text{胺基酸}$$

　　蛋白質被分解後變成的胺基酸，其中心的碳分子上附著了 4 個不同的原子群（置換群），也就是附著了 R、H、NH_2

（胺基）、COOH（羧基）。R是一個記號，指的是隨意的原子群，根據R不同會變成不同的胺基酸。構成人類身體的只有20種胺基酸。

圖2-7 ● **必需胺基酸有9種，非必需胺基酸有11種**

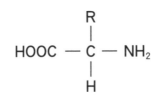

必需胺基酸（9種）		非必需胺基酸（11種）	
名稱	縮寫	名稱	縮寫
纈胺酸	Val	甘胺酸	Gly
白胺酸	Leu	丙胺酸	Ala
異白胺酸	Ile	精胺酸	Arg
離胺酸（賴胺酸）	Lys	半胱胺酸	Cys
甲硫胺酸	Met	天門冬醯胺	Asn
苯丙胺酸	Phe	天門冬胺酸	Asp
蘇胺酸（羥丁胺酸）	Thr	麩醯胺酸	Gln
色胺酸	Trp	麩胺酸	Glu
組胺酸	His	絲胺酸	Ser
		酪胺酸	Tyr
		脯胺酸	Pro

　　人類可以在體內用其他胺基酸合成出胺基酸。但是也有無法合成的胺基酸，像這樣的胺基酸就只能從外部攝取食物來獲得。這種胺基酸稱為**必需胺基酸**，全部共有9種。

　　蛋白質是由多種胺基酸結合的天然高分子，但如果要問是不是很多胺基酸結合後就全都會變成蛋白質，實際上並沒有這麼單純。

胺基酸互相可以結合，而像這樣幾百個胺基酸結合起來的長鏈狀分子，也就是天然聚合物，又被稱為**多肽**（Polypeptide）。**Poly 的部分在希臘文中是「很多」的意思的數量詞**，跟聚乙烯（Polyethylene）的 Poly 一樣。

怎樣的胺基酸，會以什麼順序結合在一起？這對蛋白質的結構來說是最重要的一件事。而用專門用語來說，蛋白質的平面結構，又稱為一級結構。

雖然人們很容易會認為「多肽＝蛋白質」，但並非如此。只有多肽中的一群特別多肽，也就是**多肽中的菁英份子，才能被稱為蛋白質**。

所謂的精英份子，就是必須有立體結構。以蛋白質來說，讓多肽的長鏈得以正確再現性摺疊起來是很重要的，蛋白質的功能就是透過摺疊方式來展現。

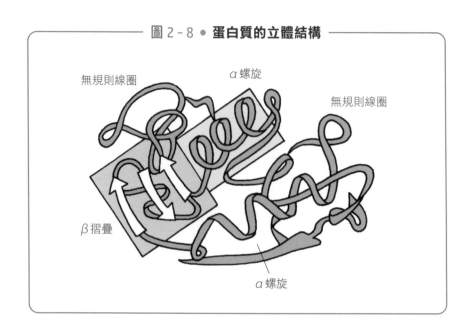

圖 2-8 ● **蛋白質的立體結構**

無規則線圈　　　　　α 螺旋

無規則線圈

β 摺疊

α 螺旋

蛋白質的立體結構如圖所示，名為 α 螺旋的部分是多肽鏈中螺旋狀的部分；而 β 摺疊則是多肽鏈中會平行並排形成平面的部分；而無規則線圈就是連接兩者的部分。

曾經引發嚴重問題的狂牛症，跟蛋白質的這種摺疊方式也有關係。狂牛症的病因是一種叫普里昂的蛋白質，普里昂蛋白質的功能還有很多不明的地方，很多動物身上都有，也擔綱了一些有用的功能。

但是因為某些原因，造成普里昂的立體結構扭曲而出現異常的普里昂。這個異常普里昂會破壞腦，讓腦變成海綿狀，而且異常普里昂還會感染正常的普里昂，使之變異，這就是狂牛症的原因。

蛋白質的立體構造相當複雜且纖細，所以加熱或酸、酒精等化學物質就會破壞結構，並失去蛋白質的機能（**變性**），一旦變性後就恢復不了。把蛋煮熟後就會變硬，即使溫度下降也不會變回原本的生蛋，也就是說，水煮蛋是蛋白質熱變性的產物。

蛋白質有很多種類，又可分為植物中含有的**植物性蛋白質**，和動物體內含有的**動物性蛋白質**。

動物性蛋白質中還分成酵素、血紅素等機能性蛋白質，以及製造身體的結構性蛋白。眾所周知的結構性蛋白例如製造頭髮、指甲的角蛋白，或是製造肌腱或筋膜的膠原蛋白。

膠原蛋白是組成身體的重要蛋白質，據說動物全身的蛋白質中有 1／3 是膠原蛋白。

分解角蛋白和膠原蛋白後共會有 20 種胺基酸，但沒有

人會想吃含有角蛋白的頭髮跟指甲來增加頭髮，而膠原蛋白也一樣，吃了之後只會分解成胺基酸而已，會再次合成為膠原蛋白的機率，跟其他蛋白質一樣只有1/3。

發 酵 之 窗

蛇酒中的有毒成分？

　　毒物可分為河魨毒這種普通分子構造的毒（小分子毒素），也有細菌產生出來那種蛋白質的毒素（毒蛋白）。蝮蛇等毒蛇的毒很多就是毒蛋白。

　　所以將蝮蛇跟黃綠龜殼花等浸在燒酒中，毒蛋白會因為酒精而變性，（總有一天會……）失去毒性，但無法確定究竟會何時發生，僅能依靠自己判斷並承擔後果。

　　另外，失去毒性的物質（多肽）究竟是否對增進健康或精力有效，這也只能自行承擔確認的責任。

2-7

🥩 肉的熱變性？

——靈活運用肉品會因溫度改變性質的特性吧

　　烹調肉的時候，蛋白質因熱而產生變化的現象稱為變性（**熱變性**）。食用肉多為動物的肌肉，肌肉是蛋白質以各種形式形成的集合。也因此，在烹調肉的時候會發生肉特有的複雜問題。

　　圖裡是肌肉的構造圖，肌肉是名為肌纖維的細胞被膠原蛋白的膜包覆起來的結構，而肌纖維可分成長纖維狀的肌原纖維，以及埋在其中的球形的肌漿兩種蛋白質。

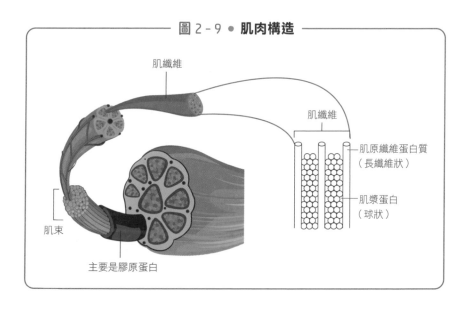

圖 2-9 ● 肌肉構造

肌纖維

肌纖維

肌原纖維蛋白質
（長纖維狀）

肌漿蛋白
（球狀）

肌束

主要是膠原蛋白

肉在加熱後硬度會發生變化。意思是，**溫度達60℃前，肉會隨著溫度升高漸漸變軟，但溫度一超過60℃後會突然變硬，當溫度爬升到75℃後，肉質會再度變軟。**為何會發生這種不可思議的硬度變化呢？

　　這是因為構成肌肉的3種蛋白質：

①膠原蛋白

②肌原纖維蛋白

③肌漿蛋白

各自發生熱變性的溫度有所不同。換言之：

●45～50℃：肌原纖維蛋白會因熱而凝固

●55～60℃：肌漿蛋白會因熱而凝固

●65℃：膠原蛋白縮水，變成最初長度的1/3

●75℃：膠原蛋白被分解並膠質化

　　把肉加熱後的硬度變化跟加熱溫度的關係呈現在下一頁的圖表中。只要比較前面列出的3種蛋白質熱變性溫度，就可以了解硬度變化的原因。

　　也就是説，加熱肉讓溫度變高後，肌原纖維蛋白會變硬，但肌漿蛋白沒有固化，所以咬下去會有軟的感覺。但超過60℃後，肌漿蛋白也會凝固，肉整體都會變硬。而超過65℃後，膠原蛋白會縮水所以肉就會變得更硬。

　　不過如果超過75℃，膠原蛋白就分解而膠質化，肉又再度變軟了。燉煮肉後膠原蛋白會持續分解，肉也會變得更加柔軟。

肉
的
熱
變
性
？

如果把長時間煮肉的滷汁放涼，就會變成果凍狀，這也顯示出膠原蛋白分解後溶到滷汁裡。但是煮太久會讓膠原蛋白的膜融解到消失，肉的纖維也會分散，肉的口感就沒了，肉的美味恐怕也就跟著消失。

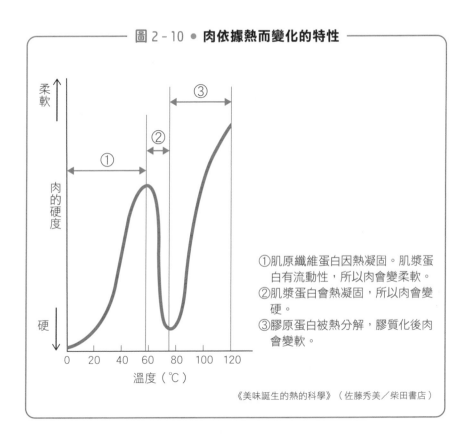

圖 2-10 ● **肉依據熱而變化的特性**

①肌原纖維蛋白因熱凝固。肌漿蛋白有流動性，所以肉會變柔軟。
②肌漿蛋白會熱凝固，所以肉會變硬。
③膠原蛋白被熱分解，膠質化後肉會變軟。

《美味誕生的熱的科學》（佐藤秀美／柴田書店）

核酸及胺基酸的「鮮味」

　　生物體最重要的一項機能是「遺傳」，而掌管遺傳的分子就是核酸，核酸分為DNA跟RNA兩種。不管哪種都是由4種核苷酸小分子結合成的天然高分子。

　　核酸被吃進胃裡會被水解，變成4種單位分子。其中有肌苷酸跟鳥苷酸，前者是柴魚片的鮮味成分，後者則是香菇的鮮味成分，因此這兩者被稱為核酸型的鮮味成分。

　　此外以味精聞名的麩胺酸也是胺基酸，是蛋白質成分。因此麩胺酸也被視為胺基酸型的鮮味成分。雖然同樣被冠以「酸」的名字，但來源不同。

── 圖 2-11 ● 三種「鮮味成分」的源頭不同？──

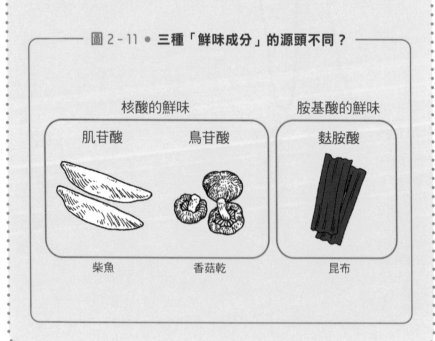

2-8

來調查肉品看看

——香腸跟火腿的差別在哪？

肉是美味且營養豐富的生鮮食品，但放置在常溫中會腐敗，所以保存方面需要下很多不同的工夫。

生火腿就是其中一種肉加工品。生火腿是豬肉的腿肉鹽漬物，製作方法是將豬肉的肉塊浸在鹽或鹽水中，經過適當期間熟成。其後洗去鹽以後，放置在調節一定溫度跟溼度的乾燥室繼續熟成。像這樣經歷數個月、長則數年的熟成後，就完成了。

日本人很熟悉的「**非生火腿的火腿**」，是肉除去鹽分後水煮過並加熱、乾燥後的產物。壓型火腿類似香腸，使用絞肉並壓榨加工（Press）後的肉，所以可說是類似香腸的產品。

香腸和火腿的差別在於火腿是用肉塊，而香腸則是用絞肉這種切細的肉。簡單地說，可以說香腸是利用製作火腿時多出的邊角肉製作而成。這些絞肉會塞入豬或羊的腸中並經過燻製、水煮而完成加工。

培根是用豬五花肉鹽漬而成，去除鹽分後燻製。跟生火

53

腿很相似，不同的只有部位（腿肉及腹脅肉），以及是否燻製過。

鹹牛肉（Corned beef）到底「鹹」在哪？此處的語原是「鹽漬」的意思，所以鹹牛肉原本指的就是「鹽醃牛肉」。在日本說到鹹牛肉想到的都是裝在特殊形狀罐頭裡的罐裝肉，但歐美的鹹牛肉不會做成罐頭，單純就是鹽醃牛肉。

但是日本依據日本食品標示制度（JAS），將鹹牛肉定義為「牛肉鹽漬並煮熟後，在煮散又或沒有煮散的狀態下，被裝在（罐或瓶）容器裡的食品」。

因此日本人所看到的鹹牛肉，是日本人所定義出的產物，就跟日文中棒球的夜間比賽（正確英文為night game）一樣，也就是類似日式英文的一種日式洋食。

已經快變成沖繩鄉土料理的午餐肉，又被稱為Spam（美國午餐肉的代表性產品）。正如它的別名香腸肉，午餐肉（Spam）的本質也是香腸。在豬肉及羊肉絞肉中加上調味料和香料，並裝在罐中，加熱後就完成了。

來調查肉品看看

第 **3** 章

水產是高蛋白、
低卡路里、
低脂肪的健康食材

來了解魚類的種類跟特徵吧！

——鮭魚肉其實是「白色」的？

　　日本是四面環海的島國，擁有可作為食材使用的豐富海鮮。也因此有很多**水產**（指貝、蝦、蟹等），烹調出日本獨特的日式和食文化，大啖視覺與味覺的雙重饗宴。

　　有很多水產可以食用，甚至幾乎所有魚類都能享用。魚的種類很多，而分類法也有很多種，一般有秋刀魚或鮪魚這類在海洋中來回游動的迴游性魚類，也有比目魚和褐石斑魚這類會停留在一個地方的底棲魚，還有住在深海的深海魚等分類。食材的分類則有**紅肉魚**、**白肉魚**等分類。

　　一般像鯛魚或比目魚這類肉是白色的稱為白肉魚，而像鮪魚及鰹魚這種肉是紅色的則稱為紅肉魚，<u>**魚肉的顏色主要源自於肌肉構造的不同所導致**</u>。魚的肌肉是由膠原蛋白產生的結締組織（筋膜）形成的層狀所連結而成的短肌肉纖維。肌肉中有掌管瞬間爆發力的白肌纖維（白肌）和掌管耐力運動的紅肌纖維（紅肌）。

　　像鮪魚這樣毫不休息且持續高速游動的魚，紅肌的比例會變高，也因此魚肉會變成紅色。並且為了持續游泳，也有持續提供全身氧氣的必要，為此需要有搬運氧氣的肌紅素這

種蛋白質，而這跟血紅素一樣是紅色的，所以迴游性魚類的魚肉會變紅。

紅肉魚的另一個特徵就是擁有說是對健康很好的Omega-3脂肪酸，以及據說對大腦很好的EPA（IPA）或DHA這類脂肪酸。這些跟脂肪酸有關的部分，我們在下一章的「油脂的科學」再來仔細討論。

另外，迴游性魚類如果背是青色的就稱為青背魚，一般說到「**青魚**」，多半是指鯖魚、沙丁魚、秋刀魚等小型的常見魚類，但也包含鮪魚或鰤魚等大型種。但是鮪魚這類魚種幾乎不會被稱為青背魚。

迴游性魚類可以舉出以下幾種：

○**鮪魚**：鮪魚是最大型的迴游性魚類，有太平洋藍鰭金槍魚、黃鰭鮪魚、短鮪魚、長鰭鮪魚等各種種類。太平洋藍鰭金槍魚因為資源快要枯竭，所以最近也很盛行養殖。

○**鰹魚**：以生魚片或炙烤過魚肉表面的炙燒生魚片，或柴魚片的原料而為人所知。

○**鯖魚**：日本人從古至今都在食用的魚種，最近鯖魚罐頭因營養價值而再度受到重視，甚至在超市還常常賣到缺貨，也因此有人擔心可能會資源枯竭。

○**秋刀魚**：最近外國漁船在海上大量捕撈，使得日本在近海的漁獲量有逐漸減少的傾向。

○**沙丁魚**：有鯡魚、斑點莎瑙魚、日本鯷、沙丁脂眼鯡

等許多種類，是不可或缺的養殖魚類魚餌，以前也被當成農業肥料來利用。

相對於迴游性魚類，比目魚和鮋科的魚（獅子魚）這些魚會潛在海底，當有小魚來到眼前時就會瞬間撲上去捕食，這種魚會有更多白肌纖維，因此肉也會變白。一般來說沒有迴游性質的淡水魚大多是白肉魚。

雖然日本鮭魚和鱒魚以紅肉聞名，但這些魚被分類為白肉魚。這是因為日本鮭魚或鱒魚雖然是紅肉，但那不是因為紅肌或肌紅素的關係，而是因為牠所吃的甲殼類中含有**蝦紅素**，該色素累積後肉才因此變紅。實際上，給養殖鮭魚的餌如果不添加蝦紅素的話，就會變成白肉的鮭魚。

白肉魚的白肌比例比紅肌高，所以含有很多**膠原蛋白**。膠原蛋白煮了之後會融化，所以一般來說白肉魚煮了容易散掉。不僅如此，冷凍的白肉魚解凍時，有時也會因為酵素的緣故而使細胞膜被破壞，造成魚肉融解。

圖 3-1 ● **日本鮭魚的肉為紅色是因為食物？**

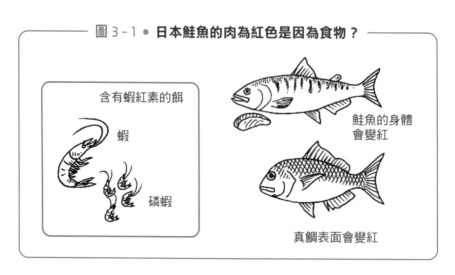

含有蝦紅素的餌

蝦

磷蝦

鮭魚的身體會變紅

真鯛表面會變紅

一般白肉魚的脂肪量比紅肉魚少且熱量低，味道也比較淡。雖然白肉魚的風味比較淡，但海水魚跟淡水魚也有差。大致上生活在海中的白肉魚口味較淡，而在**離海岸近的地方捕到的魚因為含有藻類等所形成的溴化酚這種溴化合物，也就是有所謂的「海水味」。**

相對來說，黑鯛及日本真鱸等淡水或半鹹水的魚，有時會感覺到土臭味。另外跟海水魚比起來，這類魚的特徵還有新鮮度下降後風味就不容易顯現出來。

白肉魚、淡水魚的主要魚種有以下這些：

○**鯛魚**：對日本人來說以魚中之王而聞名，最近養殖興盛，價格也變得跟一般魚差不多了。

○**比目魚**：生魚片、烤魚、燉魚、魚乾等所有料理都很適合。

○**沙鮻**：小型細長的魚種，以生魚片、清湯或天婦羅等料理而為日本人所熟知。

○**褐石斑魚**：體長超過1公尺的有名大型高級魚，近來日本也開始養殖，被用於生魚片、鍋類料理以及燉煮。

○**河魨**：雖然有毒，但也有無毒的種類。另外就算有毒，只要選擇無毒部位就能食用，是不好處理的魚，外行人一定要避免料理河魨。

○**香魚**：在日本以初夏的代表物著稱。為壽命一年的魚，每年都會有小魚被放養到河川，因可以利用友釣法來釣魚而受到釣客們的喜愛。

○鯉：日本的川魚之王，長大後可以近1公尺長，最近國外進口的鯉魚變多，日本原有的種類變少了。會用於味噌湯（味噌鯉湯）、甘露煮、洗膾（生魚片的一種）等。

○鰻魚：日本人很熟悉的魚，近來野生鰻魚愈來愈少，養殖躍為大宗。即使如此，野生的小魚也還是不斷變少，目前正面臨危機。雖然從產卵開始完全仰賴養殖的一天指日可待，但技術尚未達到實際應用階段。

最近需求增加的還有深海魚，一般生活在超過200公尺深的海裡的魚就稱為深海魚，但大多數的深海魚都會垂直進行移動，所以也可能在淺海的地方被捕獲。也有許多為人所熟知的食用魚。

○紅金眼鯛：紅魚，眼睛很大，脂肪變厚後拿來燉煮很好吃。

○大翅鮶鮋：紅色圓筒狀的高級魚，會用燉煮的。

○鮟鱇：大型魚並以鍋類料理著名，肝也很美味。

○青眼魚：體長約10公分左右，也被稱為日本仙女魚，適合拿來炸。

○半紋水珍魚：跟沙鮻長得很像，但外表沒有像沙鮻那麼優雅，做成肉糜並放入味噌湯後相當地美味。

其他還有一些不是魚的水產，如堪察加擬石蟹（北海道帝王蟹）、灰眼雪蟹等多種蟹類，還有北太平洋巨型章魚、螢火魷等也是住在深海的生物。

3-2

 貝類有什麼種類跟特徵？

—— 貝類的鮮味在於跟「日本酒」一樣的琥珀酸

從水裡捕撈到的天然食物不僅限於魚，還有烏賊或章魚、貝類等軟體生物，也有爬蟲類、兩棲類等。

貝類是重要的水產。有菲律賓簾蛤或文蛤等雙殼貝，或是像蠑螺及蛾螺等單殼貝。貝類有特殊的鮮味，**與日本酒的美味都同樣來自於琥珀酸**。

───── 圖 3-2 ● **在琥珀碳化後發現的就是「琥珀酸」** ─────

$$CH_2 — COOH$$
$$|$$
$$CH_2 — COOH$$

貝類的鮮味在於琥珀酸

剛捕撈上來的雙殼貝會含有砂子，必須浸在海水濃度（3％）的鹽水中幾個小時讓牠吐砂，常見的雙殼貝有以下幾種。

○**文蛤**：大型的貝類，可用於燒烤、燉湯。

第 3 章

水產是高蛋白、低卡路里、低脂肪的健康食材

61

○**干貝**：大型且呈扁平狀的貝類，用於生魚片、燒烤、
　炊飯。

○**蜆**：小型貝類，非常適合煮味噌湯。

○**牡蠣**：用於生食、炸牡蠣、燒烤等。

相較於雙殼貝，單殼貝用來稱呼螺旋形的殼中的貝類，
但也有像鮑魚這種平滑的貝殼。不同於颱風的旋轉方向，貝
類的螺旋方向是依品種而定，跟地球的自轉一點關係都沒
有。

○**鮑魚**：高級貝類，適合用來生食、煎烤等。

○**蛾螺**：有獨特的風味，會做生魚片或煮成輕淡口味後
　食用。

○**蠑螺**：有很難撬開的堅固外殼，但用鐵錘等來開的話
　其實相當便利，會用於生魚片、壺烤（裝在壺裡
　烤）。

貝類以外最具代表性的軟體動物非烏賊跟章魚莫屬。烤
烏賊、烤章魚是祭典攤位的主角，烏賊跟章魚的脂肪少，可
說是高蛋白、低熱量的優良食品。

烏賊從小型的螢火魷到大型的飛魷（根據日本不同地區
有很多稱呼）、大王烏賊等有各種種類。螢火魷因會發光而
有名；大王烏賊棲息在深海，留下已知含觸手最大可達全長
18公尺的紀錄。

漁獲量最多的北魷可用於生魚片，不管煮或烤都很美

貝類有什麼種類跟特徵？

味，剖開並乾燥後被稱為北魷乾，**北魷的表面附著的白粉是蛋白質的一種，也就是結晶化的牛磺酸。**

　　章魚的身體幾乎都是肌肉，身體中堅硬的部分，只有位於眼球間包覆著大腦的軟骨和嘴喙而已。因此可以鑽過非常狹窄的地方，水族館飼養章魚時，必須特別設計防脫逃措施。

　　章魚有很高的智慧，有時會被說是最聰明的無脊椎動物。牠可以透過視覺認出關在密閉旋轉蓋玻璃瓶中的餌，並把蓋子轉開拿出餌。目前已知章魚為了保護自己，可以變成保護色，並配合地形改變體形，且可以記住保護色與地形將近兩年。

　　章魚的味道很好，可以熬出好高湯，因此除了生魚片以外，也會用在燉菜、炊飯等。

　　海參是無脊椎中動物中可以長到很大的類型，最大的海參是斑錨參，體長可達 4.5 公尺、直徑 10 公分。但是棲息在日本周邊海域並被捕來食用的是體長 20 公分左右的真海參。根據體色可以分為烏參、紅參、青參，其中最高級的是紅參。

　　將**腸子等內臟鹽辛後稱為海鼠腸（コノワタ，konowata），卵巢則弄成像銀杏葉的形狀，乾燥後稱為海鼠子（クチコ，kuchiko）**，這些都是有名的珍饈。去除內臟後乾燥的稱為熬海鼠（イリコ，iriko），泡水還原後可以在裡面塞入其他食材，並作為蒸煮料理端上桌。

甲殼類食材的特徵是什麼？

——幾丁質可以增加免疫力，強化天然治癒能力

可食用甲殼類的種類雖然不多，但包含蝦、蟹等可以讓餐桌增添色彩的重要食材。

蝦子的品種從櫻花蝦那麼小的品種，到日本龍蝦（伊勢蝦）、龍蝦等大型品種都有。**蝦肉有 30％是蛋白質而剩下的是水分，也就是脂質跟糖分幾乎為 0％。**也就是高蛋白質的代表性食物。

蝦殼中有豐富的鈣和維生素 E 等營養素，但值得注意的是別稱為甲殼素、殼多醣的幾丁質。據說**幾丁質可以提高身體免疫力並強化天然治癒能力，對降血壓和減少血膽固醇也有效**。

日本龍蝦（伊勢蝦）是日本近海可捕獲的最大蝦子，也是新年吉祥物而受到日本人的喜愛。日本囊對蝦（虎蝦、車海老）體表布滿橫條紋，身體彎起來後像汽車的輪子因而得名，是適合炸天婦羅的品種。北國赤蝦（甜蝦）有甜味因而得名。另外，磷蝦則是因為長得像櫻花蝦，所以成為櫻花蝦產量匱乏時的替代品。

最近亞洲各國養殖了各種蝦，因為開始會用便宜價格進

口，因此一般家庭料理蝦子的機會也增加了。

螃蟹的營養價值幾乎跟蝦子相同，堪察加擬石蟹（北海道帝王蟹）是僅次於甘氏巨螯蟹的大型螃蟹。

普通螃蟹腳的數量是10根，但北海道帝王蟹、伊氏毛甲蟹（北海道毛蟹）包含蟹螯只有8根。因此，北海道帝王蟹和北海道毛蟹在生物學上不是螃蟹，而是「寄居蟹的夥伴」。

灰眼雪蟹是日本近海很常見的螃蟹，通常有肚子白的武裝深海蟹和紅楚蟹，口感、味道都是前者比較好。根據捕獲武裝深海蟹的區域，有時會冠上松葉蟹、越前蟹等名稱來品牌化。

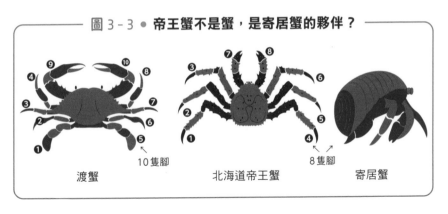

圖 3-3 ● 帝王蟹不是蟹，是寄居蟹的夥伴？

渡蟹　　10隻腳　　北海道帝王蟹　　8隻腳　　寄居蟹

毛蟹主要可以在日本北部捕獲，是全身長滿短毛的螃蟹。由於夏天也能捕獲，所以在螃蟹捕獲量少的時期相當寶貴。渡蟹的腳沒有肉，是只享用蟹殼肉跟紅色濃厚蟹卵的螃蟹。

日本絨螯蟹是淡水產的螃蟹，在殼周圍或腳上有長毛，跟中國的上海蟹有很近的血緣關係，口感味道都有很好的評價。

要美容滋補，就要吃中華鱉（甲魚）？

——因為膠原蛋白很豐富，所以要喝生血？

甲魚是烏龜的一種，特徵是殼沒有角質化所以很柔軟。殼裡含有豐富的膠原蛋白，所以被認為對美容滋補很好，有時也會用甲魚生血兌日本酒喝。

日文中，會將青蛙腿油炸後的產物稱為「田鴨」，在夏天田梗間會發出像牛一般叫聲的美洲牛蛙，是戰前為了食用進口到日本後來野生化的生物。

雖然最近變少，但日本以前也有過食蟲的文化。1960年代左右，田裡有相當多蝗蟲，人們會把牠們抓來拔掉腳跟翅膀後，再加上醬油跟砂糖烹調。在長野縣，人們也會將蜜蜂幼蟲做成佃煮來食用，除此之外，過去也會吃蠶蛹。

食蟲在世界上並不是那麼稀奇的事。**昆蟲可說是「高蛋白、低熱量、低脂肪」的優良食品**，現在已知160萬種的生物中，有110萬種是昆蟲。而且還有人估計過，全世界的螞蟻總重量比人類總重量還重。

要是可以吃昆蟲，糧食危機對人類而言可能就不再是問題了。

水產的營養價值？

——魚是高蛋白質、低熱量的健康食品

海鮮的熱量跟營養成分如下頁表格所示。紅肉跟白肉相比，似乎沒有很大的不同。跟前一章看到的肉類相比，有顯著差異的是熱量。牛肉或豬肉有 400、500 大卡也不稀奇，但海鮮的卡路里大約是 100 大卡，也有許多熱量低於 100 大卡的物種。脂肪、特別是飽和脂肪酸也很少。從全部脂肪中扣掉飽和脂肪酸剩下的就是**不飽和脂肪酸**，**據說有益健康跟對大腦很好的 ω 脂肪酸或 EPA、DHA 就是不飽和脂肪酸的成分。**相對地，海鮮的蛋白質量跟肉相比毫不遜色。所以一般來說，海鮮可說是高蛋白質、低熱量、低脂肪的健康食品。但似乎沒辦法說膽固醇的量比肉類顯著來得少。

根據下一頁的表，雖然鰻魚不是會天天吃的食物，但膽固醇量在所有食物中跟烏賊一樣很高。相對來說，香魚則是低熱量、低脂肪、高蛋白質，讓人不禁想說不愧是在溪流中可以聰明生存的魚。

貝類的脂肪、膽固醇都相當低，貝類中含有大量名為**牛磺酸**的胺基酸，牛磺酸據說主要是對肝臟有以下益處。

○促成膽汁酸分泌，促進肝臟運作。

○促進肝細胞再生。

○安定細胞膜。

所以奶油蛤蜊（菲律賓簾蛤）或蜆味噌湯應該都對健康很好。

圖 3-4 ● **水產的營養價值**

每100g

		熱量	水分	蛋白質	全脂質	飽和脂肪酸	膽固醇	食鹽相當量
		kcal	g	g	g	g	mg	g
紅	竹莢魚	126	75.1	19.7	4.5	1.10	68	0.3
	沙丁魚	136	71.7	21.3	4.8	1.39	60	0.2
	鮪魚	125	70.4	26.4	1.4	0.25	50	0.1
白	鯛魚	142	72.2	20.6	5.8	1.47	65	0.1
	比目魚	103	76.8	20.0	2.0	0.43	55	0.1
	日本鮭魚	204	66.0	19.6	12.8	2.30	60	0.1
川	鰻魚	255	62.1	17.1	19.3	4.12	230	0.2
	香魚	100	77.7	18.3	2.4	0.65	83	0.1
	鯉魚	171	71.0	17.7	10.2	2.03	86	0.1
	蛤蜊	30	90.3	6.0	0.3	0.02	40	2.2
	牡蠣	70	85.0	6.9	2.2	0.41	38	1.2
	扇貝（干貝）	88	78.4	16.9	0.3	0.03	35	0.3
	甜蝦	98	78.2	19.8	1.5	0.17	130	0.8
	灰眼雪蟹	63	84.0	13.9	0.4	0.03	44	0.8
	北魷	83	80.2	17.9	0.8	0.11	250	0.5
	章魚	76	81.1	16.4	0.7	0.07	150	0.7
	鮭魚卵	272	48.4	32.6	15.6	2.42	480	2.3
	鱈魚卵	140	65.2	24.0	4.7	0.71	350	4.6

出自日本食品標準成分表（7版）

蝦、蟹類因為低熱量、高蛋白質、低脂肪，因此跟雞肉很像，而值得注目的是烏賊、章魚的膽固醇。烏賊或章魚等含有不輸給貝類的牛磺酸，但是，北魷表面附著的白粉是牛磺酸結晶化後的產物。雖然柿子乾表面也同樣附著白粉，不過那不是牛磺酸，而是葡萄糖的結晶。

膽固醇含量而言，鹹鮭魚卵有 480、鱈魚卵有 350，沒有看過其他類似的例子，算是獨一無二、無人能敵；但是相對地，蛋白質含量也很多，所以衡量蛋白質量跟膽固醇量的比例，或許也沒那麼嚴重了。

食品之窗

筋子、腹子、鮭魚卵的差別是？

筋子、腹子、鮭魚卵都是鮭魚卵的不同稱呼。

腹子是從「腹仔」這個字轉變而來的名稱，原則上留在動物（魚）體內的卵都是腹子。「筋子」就是指還包有卵膜的鮭魚腹子。但是一般提到筋子的話，多是指在包裹卵膜的情況下鹽漬起來保存的產物，所以最近未經鹽漬的筋子會特別被稱為「生筋子」。

「鮭魚卵」是從俄文（ikra）來的名詞，就是去除卵膜後的魚卵進行鹽漬後的產物，最典型的是魚子醬。但在日本多指去除卵膜後，一顆一顆的鮭魚卵，所以也會有醬油醃漬的鮭魚卵這種商品。

保存水產的加工食品

——為了不讓其腐敗的古老智慧就是「鮮味、殺菌作用」

雖然魚類一次可以捕獲很多，但無法捕到的時期就完全捕不到。而且魚類還有容易腐敗的缺點，因此人類開發出許多兼顧保存作用的水產加工食品。

蒲鉾（魚板）、竹輪、鱈魚豆腐（半片）等，一般稱為**魚漿產品**。是指將魚肉跟澱粉一起攪拌後煮熟，或是烤熟的加工手法。

魚漿食品會透過去除魚肉內臟等容易腐敗的部分，並進行加熱，來將保存性提高到比鮮魚高很多，最近重新獲得人們重視的魚肉香腸可以說就是一種魚板。

不讓鮮魚腐敗最容易執行的方法就是鹽漬。

鹽漬透過去除魚肉中的水分，讓細菌不易繁殖，還能因為脫水而直接殺死細菌本身。

鮭魚的新卷（荒卷）這種做法在日本相當有名，這是用鹽來摩擦魚，或者埋在鹽中，或者浸在鹽水中的方法。像這樣長期保存後，就會讓空氣中的乳酸菌繁殖並造成乳酸發酵，製造出獨特的風味。鮭魚新卷的味道不只是生鮭魚加上鹽的味道，而是發酵食品的味道。

將烏賊生肉切成長條狀並跟肝臟一起鹽漬，就稱為鹽辛烏賊，嘴巴部分乾燥後稱為「鹽辛烏賊嘴（Tonbi，音譯）」，兩種都是很受歡迎的下酒菜。九州地方有名的是蟹漬（がん漬け），這是將招潮蟹（螃蟹）搗碎並做成鹽辛。

　　乾燥會讓魚肉、細菌中的水分喪失，而曝曬乾燥的話，陽光中的紫外線也有殺菌效果。**特別是用鹽水汆燙的魚如果經過日曬，會因紫外線的殺菌效果和脫水的防菌效果相乘，進而使容易腐敗的魚類獲得長期保存的效果**。

　　北魷或小魚乾、柴魚片就是很好的例子。臭魚乾（クサヤ）有特殊氣味所以反應兩極，但那個味道就是浸魚的鹽水中殘留的魚肉殘渣，發生了乳酸發酵後的氣味。

　　雖說飯壽司已成為近年來少見的日本傳統料理，這種將生魚、米飯、麴一同醃漬成壽司的作法也能稱為保存食品的一種。飯壽司會因乳酸菌而發生乳酸發酵，發酵不只會讓味道提升，還會透過乳酸這種酸類來防止腐敗細菌增殖。

　　但是製造飯壽司環境是缺氧的厭氧環境，喜歡這種環境的厭氧菌──**肉毒桿菌**有可能會增殖，所以製造跟食用都要十分小心。

　　佃煮是將小魚加上醬油及糖、砂糖，將甜鹹口味的醬汁煮到乾的食物。名稱的由來據說是因為發源自東京佃島的緣故。這也是透過醬油的鹽來進行鹽漬，並且透過糖分來脫水得以保存的食品。類似的食物還有時雨煮，這是在佃煮過程中加上生薑的做法。

食 品 之 窗

生吞來證明勇氣？

　　將活體動物直接放進口中稱為生吞，經常用來生吞的有銀魚之類，饕客也會吃山椒魚等。生吞還會動的章魚腳應該也可以算是其中一種。

　　過去中國似乎有直接食用以蜂蜜飼養的幼白鼠的文化。曾有一段佚話是明治時代造訪清國的乃木希典將軍，他的面前就端上了這樣的料理，而為了展現勇氣，乃木將軍便閉著眼將之吞了下去。

水產類有許多「肉有毒」的品種！

——就算是弱毒，只要量夠多就與劇毒無異

只有像鴨嘴獸或針鼴這類極少數的哺乳類體內有毒。不只是哺乳類，鳥類也只有之前提到的紐西蘭的三種種類有毒而已。唾液中有毒的蛇倒是有很多，但沒有肉本身有毒的蛇。龜或蜥蜴中也沒有肉有毒的品種。

但是，**水產類有很多肉本身有毒的種類。**

物質可分為有毒跟無毒。就算是劇毒，量很少也不會造成很大的傷害，而弱毒如果攝取大量的話也會造成很大傷害。喝下大量的水而造成水中毒喪命的人也大有人在。

希臘有一句「**量會成毒**」（大量攝取的話，不管什麼都

圖 3-5 ● 人類的經口致死量

無　毒	比 15g 多
少　量	5～15g
較　強	0.5～5g
極　強	50～500mg
劇　毒	5～50mg
超劇毒	比 5mg 少

相對於體重 1 公斤

會變成毒）的諺語，圖3-5就顯示了「攝取多少後會喪命」，也就是**經口致死量**及毒的強弱關係。

可以用統計數字來正確表現毒的強度的，還有半數致死量LD$_{50}$。向100隻檢體（老鼠）持續地少量投放毒藥，雖然沒有老鼠在少量時死亡，毒藥投放到一定的量以後，會造成50隻檢體死亡，這個時候的毒藥量就是所謂的**LD$_{50}$**。

LD$_{50}$是以體重1公斤相對的量來表示，所以體重70公斤的人必須以LD$_{50}$的70倍來思考。另外，每種動物的毒藥耐受性都不一樣，所以也不能將老鼠的例子完全套用到人類身上，這只是參考值而已。

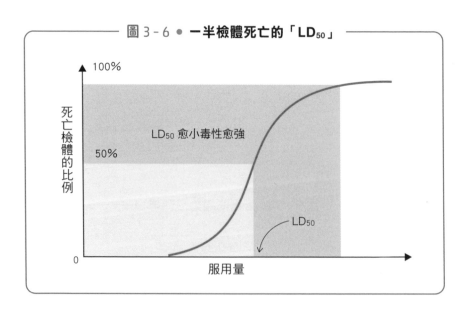

圖3-6 ● **一半檢體死亡的「LD$_{50}$」**

死亡檢體的比例

100%

LD$_{50}$ 愈小毒性愈強

50%

LD$_{50}$

0

服用量

下一頁的表是將幾種毒物依LD$_{50}$的順序排列下來的毒物排行，愈上面的毒性愈強。香菸裡所含有的尼古丁是比眾所皆知的劇毒氰化鉀（KCN）還要強的毒，需要特別注意。

有毒魚類的代表是河魨，其身上有名為河魨毒素的劇毒。但是明明箱魨、光兔頭魨沒有毒，水紋尖鼻魨卻全身都有毒，所以河魨有沒有毒、分布在什麼部位，是根據每種河魨有所不同，相當麻煩。

口感、味道都很好的紅鰭東方魨（虎河魨）除了肝臟、卵巢跟血液以外都是無毒的，只要丟棄這些部分就能吃。去

圖 3-7 ● **用排行榜來排行毒的強度**

順位	毒的名字	致死量 LD_{50} （ug/kg）	來源
1	肉毒桿菌毒素	0.0003	●微生物
2	破傷風類毒素	0.002	●微生物
3	蓖麻毒蛋白	0.1	●植物（蓖麻）
4	岩沙海葵毒素	0.5	●微生物
5	箭毒蛙鹼	2	●動物（箭毒蛙）
6	河魨毒素（TTX）	10	●動物（河魨）/微生物
7	VX	15	●化學合成
8	戴奧辛	22	●化學合成
9	氯化筒箭毒鹼（d-Tc）	30	●植物（箭毒）
10	海蛇毒	100	●動物（海蛇）
11	烏頭鹼	120	●植物（烏頭）
12	鵝膏蕈鹼	400	●微生物（蕈類）
13	沙林毒氣	420	●化學合成
14	眼鏡蛇毒	500	●動物（眼鏡蛇）
15	毒扁豆鹼	640	●植物（毒扁豆）
16	番木鱉鹼	960	●植物（馬錢子）
17	砒霜（As_2O_3）	1,430	●礦物
18	尼古丁	7,000	●植物（菸草）
19	氰化鉀	10,000	●KCN
20	升汞	29,000 （LD_0）	●礦物　$HgCl_2$
21	乙酸亞鉈	35,200	●礦物　CH_3CO_2Tl

出自船山信次《圖解雜學 毒的科學》（夏目社，2003年）並修正部分資訊

除有毒部分需要技術，也有為此而設的河魨料理執照，但執行是依據各縣自治體的條例，有些縣需要通過技術測驗，也有只要參加講座就可以獲得執照的縣。

河魨毒並非在河魨體內進行合成，是河魨所吃下的房州海螺等貝類中含有的毒堆積在體內後的產物，而房州海螺也不是自己製造出毒，而是吃下有毒的浮游生物並堆積在體內。所以最一開始有毒的是一種「藻類」，這就是食物鏈。

養殖河魨之所以無毒，是因為牠沒有機會食用到有毒的飼料。

順帶一提，也有一種說法是，如果無毒的養殖河魨跟有毒的天然河魨養在同一個水槽內的話，養殖河魨也會變得有毒。也就是有可能天然河魨體內住有可以生產河魨毒素的菌類，而它可以移動到養殖河魨身上。

虎河魨的卵巢是劇毒中的劇毒，但也有食用這部位的地區。能登半島似乎會將河魨的卵巢鹽漬半年左右，泡在水中去除鹽分後改以米糠醃漬。這樣的話就可以去除毒性變得可食用，並且在金澤站的專賣店正式販售。但是無毒化的反應機制，目前化學上還不清楚。

棲息於南方珊瑚礁中的魚會依季節變化而擁有毒性，這個毒是熱帶性海魚毒（雪卡毒），或是另一種名為岩沙海葵毒素的毒，兩種都是比河魨毒強數十倍的毒。

一旦中了**熱帶性海魚毒**（神經毒），就會產生**溫度感覺異常**的特殊症狀。碰到冷的東西就會產生類似被電到的痛覺，重病的情況會危及生命，但就算不到那個程度，症狀也

會持續，要完全治好有時要花上將近一年的時間。過去擁有這種毒的魚不會出現在日本近海，但可能因為海洋暖化的關係，最近發現有些石鯛類的魚身上帶有這種毒。

岩沙海葵毒素是由一種名為沙海葵的海葵所產生的毒，已知這種毒會堆積在吃下牠的魚體內。鸚嘴魚（日本鸚鯉）中有這種毒的案例似乎不少。

鯉魚的膽囊有毒。經常有人將鯉魚的膽當成壯陽藥來料理並放入口中，但這是很危險的行為。中國在1970～1975年間，因為食用鯉魚科魚類的膽而食物中毒的案例有82件，共有21人死亡。

鰻魚的血液有毒，雖然不是會威脅生命的毒，但如果料理鰻魚的人手上有傷，鰻魚的血就會由此入侵體內而造成劇痛。但是鰻魚的毒是蛋白毒，所以超過60℃就會過熱而發生熱變性變成無毒，以平常方式食用就沒有問題。

魚之中也有肉裡無毒、但鰭或刺有毒的種類，被這種魚刺到就會感到劇痛，為人所熟知的是鮋魚的背鰭，還有魟魚尾巴上的刺，在釣魚及料理的時候必須小心。

貝類之中有依據季節而產生毒的種類，一般稱為**貝毒**，牡蠣和干貝相當有名。貝毒造成的傷害相當嚴重，1942年濱名湖畔有因蛤蜊造成集體食物中毒的案例，超過150人死亡。貝毒是由於浮游生物生產的毒堆積在貝類的體內，所以有許多不同種類的毒，河魨毒的河魨毒素也是其中一種。

最近日本近海出現很麻煩的**豹紋章魚**，是一種體長10

公分的小型章魚，但性情凶暴，生氣的時候身上會出現像豹一樣圓圈狀的青色圖案（豹紋），還會咬人。

　　唾液中有河魨毒，所以被咬的話，最糟糕的情況可能會致死，當然也不能食用。

食 品 之 窗

是毒或藥，端看如何處理

　　雖然一般容易認為毒是「奪走生命的可怕東西」，藥則是「救命之物」，但毒跟藥其實是同樣的東西。以前有感冒藥被用來殺人的事件蔚為話題，烏頭（劇毒毒草）也可以成為治療心臟的中藥。

　　所以，現在世界上到處都在找尋毒物，就像過去尋找抗生素那樣。其中受到關注的是寶螺的一種——芋螺。芋螺的種類有將近500種，但全都是肉食性，毒素是為了逮到獵物。而其中毒性很強的一種是地紋芋螺（雞心螺），據說一隻就能有殺死30人的毒，在沖繩稱為波布貝，相當令人害怕。

　　芋螺含有的毒不只一種，據說有超過100種。其中一種的辛抗寧（Ziconotide）被認為具有嗎啡的1000倍止痛作用，因此在美國被認定為醫療用品。

　　將來說不定還能發現阿茲海默症、癲癇、帕金森氏症等困難疾病的特效藥。

3-8

水產類食物中毒的機制

——先明白細菌有兩種

針對海鮮，我們必須特別當心細菌導致的腐壞與食物中毒。雖然一般都說是因**細菌**（黴菌）而造成食物中毒，但細菌有兩種，也就是微生物跟病毒。生物之所以被稱為生物，必須擁有細胞構造，然而，病毒沒有細胞構造。只是在蛋白質做成的容器中裝入了核酸DNA而已，所以病毒並不算生物。

非生物的病毒無法自己進入食物中並進行繁殖，所以會潛伏在食物中等待機會。病毒會在進入人體之後獲得繁殖能力。而相對地，細菌會在食物中繁殖，依據種類會在食物中散播毒素。

主要的細菌及病毒種類整理在下一頁的表中。引起食物中毒的細菌可分為兩種：

①細菌本身進入人體作亂。

②在食物中生產毒素來汙染食物。

雖然名為細菌，但本身也是生物，只要經過高溫加熱就能消滅細菌。換言之，①類的細菌會因為食品加熱而死去，可以藉此防止食物中毒。

但是②類因為在細菌死前就已經釋放出毒素，而毒是化學物質，所以多數情況下，一般料理的溫度完全不會對毒造成影響，毒性仍會存在食品之中。

圖 3-8 ● **細菌的種類**

	種類	致病物質	感染來源	成為中毒原因的食品
細菌	感染型	沙門氏菌	動物肉、雞肉、雞蛋	蛋加工品、肉等
		腸炎弧菌	生鮮海鮮類	生魚片、壽司、便當等
		毒素型	豬肉、雞肉	雞肉、飲水等
	毒素型	葡萄球菌	指尖化膿	泡芙、飯糰等
		肉毒桿菌	土壤、動物腸道、海鮮類	
	生物體內毒素型	病原性大腸菌	人、動物的腸道	飲水、沙拉等
病毒		諾羅病毒等		貝類
		B 型肝炎病毒		
		E 型肝炎病毒		

主要的食物中毒細菌有以下這些。

○**肉毒桿菌**：正如前一小節的毒物排行，這種菌會釋放出最強的毒素。但這種毒是毒蛋白，所以升溫到80℃並加熱30分鐘就可以使之無毒化。順帶一提，菌本身很耐熱，有時可以用芽胞的方式維持休眠狀態，如此一來要是沒有加熱到120℃並維持至少4分鐘以上，就不會失去活性。要靠料理溫度來讓它失去

活性是不可能的。肉毒桿菌是厭氧型的，所以會在罐頭及醃漬物等沒有空氣的地方繁殖，也可能出現在蜂蜜中，所以也有一些建議是儘量不要讓嬰幼兒吃蜂蜜。

○**沙門氏菌**：存在於動物的腸中、汙水、河川等地方。常附著在雞蛋上所以必須注意。

○**腸炎弧菌**：海水中有很多細菌，所以會成為水產類、特別是生魚片的食物中毒原因。跟沙門氏菌一樣都是食物中毒常見的細菌。

○**葡萄球菌**：存在於人類的皮膚、黏膜、傷口等地方。會附著在食物上並開始繁殖，產生名為腸毒素的毒。此毒耐熱，能耐住100℃持續30分鐘的加熱。只能透過預防來避免感染。

○**病原性大腸菌**：大腸菌是在人類腸道內隨處可見的細菌，但是有些大腸菌會在人類體內生產毒素，引發食物中毒。**O-157大腸桿菌**相當有名。

　　冬天引發食物中毒的微生物，有90％是一種名為**諾羅病毒**的東西。諾羅病毒是因1968年美國俄亥俄州Norwalk發生集體食物中毒而被發現的，因此命名為諾羅。諾羅病毒會在人類及牛的腸中繁殖。

　　諾羅病毒具耐熱及耐酸性，因此用醋也無法破壞它。有效的預防方式只有洗手，特別是做料理的人要仔細洗手，這相當重要。

「毒」藏在意想不到的地方？

　　食品有時會因為粗心等原因而混入有害物質，這裡要舉例的是罐頭。

　　1845年，英國計畫要到北極海探險，總共有129人的探險隊搭著2艘軍艦出發了，然而，經過3年後卻沒有任何人歸來，其後經過調查，確認全員身亡。

　　調查遺體後發現體內有非常高濃度的鉛，推測死於鉛中毒。那麼，鉛到底是從哪裡來的呢？是從當時最先進的食品罐頭來的。當時罐頭的蓋子是用銲錫來進行黏著，而銲錫中的鉛便融解到了罐頭中。

　　現在的罐頭已經不使用銲錫了，但是在陶瓷的釉料中有時也含有鉛。陶瓷器作為裝飾用容器，不僅有華麗的顏色又相當便宜，但不要用來當作日常餐具比較安全。

　　另外，水晶杯含有其重量20%～35%左右的鉛，如果要喝梅酒等酸性強的酒，不要用水晶玻璃製的瓶子來保存會比較安全。

第 **4** 章

用油脂
來打造健康的
身體吧！

4-1

來了解油脂的種類跟特徵吧

―動物性油脂在常溫下會是固體（脂），植物性是液體（油）

幾乎所有的食物中都含有油，含在生物體中的油一般稱為油脂，**油脂中常溫下維持固體的稱為脂，而液體的稱為油。所以牛或豬等哺乳類的脂肪較多是脂，而植物及水產類的脂肪較多是油**。

説到油脂總會讓人聯想到因高熱量食品引發的代謝症候群，但其實不然，生物體是由細胞構成，而包裹細胞的細胞膜或包裹細胞核的核膜，這些都是由同樣的分子形成的，也就是名為磷脂質的分子。而磷脂質就是以油脂為原料誕生的產物。

沒有油脂的話就無法做出細胞，沒有肌肉的話就無法形成身體，而肌肉就是細胞。所以説，沒有油脂的話，就連肌肉都沒辦法製造出來。

油脂有很多種類，但大致上可分為植物性油脂跟動物性油脂，奶油也是動物性油脂，但奶油我們會放在第8章的「牛奶與蛋的科學」來談。

動物性油脂可以從何種肉品（動物）淬鍊而成進行分

類。

　　豬油（豬脂）來自於豬，常溫下是白色稀奶油狀，熔點是27 ～ 40℃，所以在口中會有融化的感覺。豬排等炸物經常會使用，而拉麵的湯中會使用豬的背部脂肪，也就是背脂。

　　牛油（牛脂）是從牛身上所收集來的油脂。常溫下是白色固體，熔點比豬油高一些為35 ～ 55℃，比人類體溫還高，所以吃生牛肉時，如果有脂肪就有口感變差的可能性。料理牛排或吉列（cutlet）時使用牛油的話，會產生獨特的鮮味和風味，也會用在壽喜燒。

　　雞油來自於雞，凝固後會呈淡黃色固體，但熔點約30℃較低，據說加在炒飯跟拉麵中會讓味道變好。

　　魚油在常溫下是液體油，根據魚的種類，性質會有所不同，其中含有之後會談到的不飽和脂肪酸，也有很多EPA（IPA）或DHA，因此有對身體有益的說法。

　　植物性油脂在新鮮時都是液體，但長時間放置的話會氧化而凝固。**油畫就是利用植物性油脂固化的現象來讓顏料凝固，並讓顏料黏著在畫布上。**

　　植物性油脂可以從許多植物採集到，種類有很多，我們來看看日本食用的主要種類吧。

　　菜籽油是從油菜種子榨出，在世界上的許多地方都被當成料理用油，芥花油（Canola oil）也可以當成菜籽油的一種。

紅花籽油是從紅花的種子榨取而成，過去用在顏料的溶劑中，現在較常用來當作料理用油。

芝麻油如其名，是用芝麻去榨的。不加熱芝麻就進行壓榨製取的話，會成為透明度高但香氣淡的油，日本稱為「**太白油**」。但如果把胡麻加熱並焙炒再榨，就會成為顏色濃而香氣重的油，芝麻油有獨特的香氣，經常用在江戶前天婦羅或中華料理上。

大豆油正如其名，是大豆所榨出的油，也可作為醬油或製造飼料的副產物來採取。

葵花（籽）油是由葵花種子採集的，除了料理以外，也可用在生質燃料。

棉籽油是從棉花種子榨取的油，可用在鮪魚罐頭的油漬等用途上。19世紀開始生產棉籽油，但第二次世界大戰後被大豆油給超過，棉籽油的產量因此減少。

最近很受歡迎的是**橄欖油**，是用橄欖種子來榨油，也是義大利料理不可或缺的。

棕櫚油是日本幾乎不會用來當作料理用油的油，這是從油棕果實採集到的油，大量運用在各種混和食用油，或人造奶油、起酥油。

米糠油是用米的表皮、也就是米糠來採集的油，1960年代作為健康食品很受到人們喜愛，但是因某公司的產品混入了毒物PCB，造成食用者的皮膚及肝臟問題，引發很大的社會問題。

一般來說，除了以上列舉的，還有沙拉油、天婦羅油等

沒有加上原材料名稱的油，這些是用幾種植物油脂，並依據食用油製造公司的獨家配方來混合出的產物，也因此油脂風味跟特性會根據個別製造商而有所不同。

食品之窗

蓖麻油的殘渣是超劇毒！

雖然蓖麻油不是食用油，但也是很知名的植物油。在日本是作為藥用的瀉藥，在美國北部現在也很常使用。

蓖麻油是從蓖麻這種可長到 10 公尺高的植物種子採集到的，以植物性油脂來說，黏度、比重都是最大的，而且流動性也高，所以使用於各種工業。因此，全世界每年會生產 130 萬噸。

問題是榨油後留下的渣，蓖麻的種子含有名為蓖麻毒蛋白的劇毒，該毒的毒性在第 3 章第 7 節的毒物排行中是堂堂第 3 名。蓖麻榨取後剩下的渣有包含蓖麻毒蛋白的可能性，但是蓖麻毒蛋白是毒蛋白，在榨取蓖麻油的過程中，會因加熱焙炒引發熱變性，進而失去毒性。

但是正如藥用蓖麻油的包裝上所註明的「孕婦請勿使用」字樣，還是小心為上。

用科學的角度來看油脂

——所有的油脂都會在體內製作出甘油

　　對生物來說，重要的物質如蛋白質、醣類、核酸等，都是由數百、數千個簡單構造的單位分子連結起來的長分子，也就是所謂的天然高分子聚合物，**油脂則是一般的小分子**。而油脂的一種「磷脂質」如果聚集了幾億個並形成膜狀，就可以形成細胞膜。

　　油脂如下圖所示，基本上全都是同樣的分子構造，圖片的化學式中，擁有原子團OH（名為氫氧根的置換群）的一般稱為醇類。另一方面，擁有原子團COOH（羥基）的則稱為羥酸、有機酸、脂肪酸，也就是擁有酸的性質。

圖 4-1 ● 油脂全都有同樣的分子構造

$$CH_2-O-\overset{\overset{O}{\|}}{C}-R$$
$$CH-O-\overset{\overset{O}{\|}}{C}-R'$$
$$CH_2-O-\overset{\overset{O}{\|}}{C}-R''$$

$\xrightarrow{3H_2O}$

$$CH_2—OH$$
$$CH—OH$$
$$CH_2—OH$$

$+$

$$HO-\overset{\overset{O}{\|}}{C}-R$$
$$HO-\overset{\overset{O}{\|}}{C}-R'$$
$$HO-\overset{\overset{O}{\|}}{C}-R''$$

油脂
（甘油酯）　　　　　甘油　　　　　　脂肪酸

所謂的油脂，就是由1分子的醇、甘油（Glycerol）和3分子的脂肪酸，失去水分子後結合（縮合反應）的產物。看了脂肪酸的分子式中有「R」的記號，這就是表示任意基團的記號。R之上有附「'」的，是表示「有其他可能性」的意思。

　　一般醇類跟羧酸縮合後的東西稱為**酯**，也就是說油脂是酯的一種。

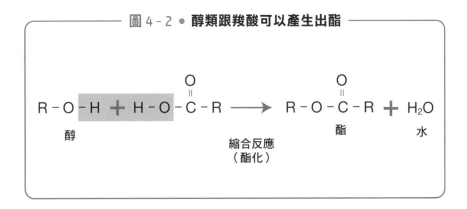

圖 4－2 ● **醇類跟羧酸可以產生出酯**

R－O－H ＋ H－O－$\overset{\overset{\displaystyle O}{\|}}{C}$－R ⟶ R－O－$\overset{\overset{\displaystyle O}{\|}}{C}$－R ＋ H₂O

醇　　　　　　　　　　　酯　　　　水

縮合反應
（酯化）

　　所以不論是哪種油脂，只要進到胃中，並被胃酸中含有的鹽酸HCl給水解，就會分解成1分子的甘油跟3分子的脂肪酸。

　　無論是豬油還是芝麻油，不管是哪種油脂，甘油部分都是一樣的。**所有油脂進到體內後都會分解產生出甘油。**

　　甘油如果跟硝酸HNO₃發生作用，就會變成硝化甘油。硝化甘油擁有激烈的爆炸能力，是廣為人知的炸藥原料，但也是知名的狹心症特效藥。各位讀者中，或許也有人隨身掛著裝入硝化甘油的項鍊也說不定。

圖 4 - 3 ● 從甘油變成硝化甘油

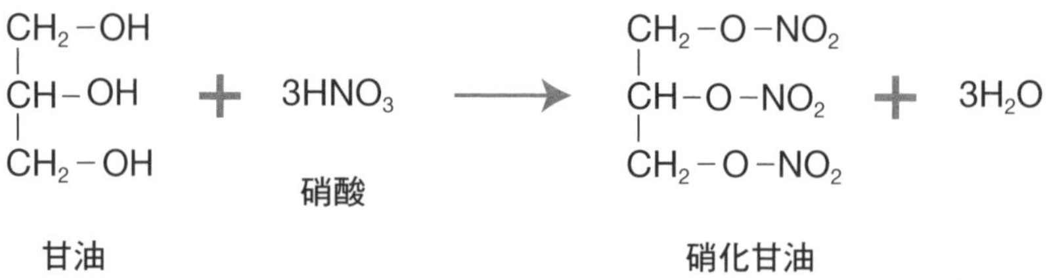

$$CH_2-OH$$
$$CH-OH$$
$$CH_2-OH$$

$+ \quad 3HNO_3 \quad \longrightarrow$

硝酸

$$CH_2-O-NO_2$$
$$CH-O-NO_2$$
$$CH_2-O-NO_2$$

$+ \quad 3H_2O$

甘油　　　　　　　　　　　　　　　硝化甘油

　　如前面所看到的，脂肪酸中依據圖4-1的R部分不同，會有許多種類，**牛脂、豬脂、魚脂的不同就是因為R部分的不同**。脂肪酸的分類方法可以分成很多層。

　　首先可以分成高級脂肪酸跟低級脂肪酸。「高級」和「低級」的區別不是油的品質，而是構成脂肪酸化學式的R部分的碳原子數量多寡，2～4個碳原子稱為低級脂肪酸（短鏈脂肪酸），5～12個稱為中鏈脂肪酸，12個以上的稱為高級脂肪酸（長鏈脂肪酸）。食物裡含有的脂肪酸很多都是高級脂肪酸。

　　接下來可以依照R部分的構造來區分，R部分只有單鍵（飽和鍵）的稱為飽和脂肪酸，含有雙鍵或三鍵（不飽和鍵）的就稱為不飽和脂肪酸。為人所熟知的脂肪酸種類整理在下頁的表中。

　　飽和脂肪酸形成的油脂在常溫下是固體的脂，而含有不飽和脂肪酸的物質在常溫下通常是液體的油。基於這個原

因，哺乳類的油脂是固體脂，魚及植物的油脂中多是液體的油。

圖 4-4 ● **飽和脂肪酸、不飽和脂肪酸的種類**

	飽和脂肪酸		不飽和脂肪酸		
	名稱	結構式	名稱	結構式	雙鍵數
低級	醋酸	CH_3COOH	丙烯酸	$CH_2=CHCOOH$	1
中級	己酸	$C_5H_{11}COOH$	巴豆酸	$CH_3CH=CHCOOH$	1
	辛酸	$C_7H_{15}COOH$	山梨酸	C_5H_7COOH	2
	癸酸	$C_7H_{19}COOH$	十一烯酸	$C_{10}H_{19}COOH$	1
	月桂酸	$C_{11}H_{23}COOH$			
高級脂肪酸	肉豆蔻酸	$C_{13}H_{27}COOH$	油酸	$C_{17}H_{30}COOH$	1
	硬脂酸	$C_{17}H_{35}COOH$	EPA	$C_{19}H_{30}COOH$	5
	花生酸	$C_{19}H_{39}COOH$	DHA	$C_{21}H_{32}COOH$	6
	蠟酸	$C_{25}H_{51}COOH$	丙炔酸	C_2HCOOH	*
	蟲漆蠟酸	$C_{31}H_{63}COOH$	硬炔酸	$C_{18}H_{31}COOH$	*

＊包含三鍵

如果讓液體的脂肪油透過隨意的金屬觸媒跟氫進行反應，不飽和脂肪酸的不飽和鍵就會跟氫結合而成為飽和鍵，不飽和鍵的數量就會減少。這個反應一般稱為**觸媒還原**，原本是液體的油會因為這個反應而變成固體的脂肪。

像這樣進行<u>人工加工的油脂稱為</u><u>氫化油</u>，氫化油如人造奶油、起酥油、脂肪抹醬（fat spread），也用來當作肥皂的原料。

 # 油脂的營養價值是？

——植物性油脂膽固醇低

　　大家都知道**油脂**熱量高，蛋白質、澱粉等天然聚合物或油脂等組成的所有食品，進入人體後都會被消化（水解），從高分子變成小分子，油脂的話就是分解為甘油或脂肪酸等小分子。

　　這些小分子被吸收到血液之類的體內細胞後，會被蛋白質形成的酵素再進一步分解成更小的分子，也就是說，最後會分解成二氧化碳（CO_2）或是水（H_2O），過程中也會各自產生能量、熱量，這個過程一般稱為**代謝**。

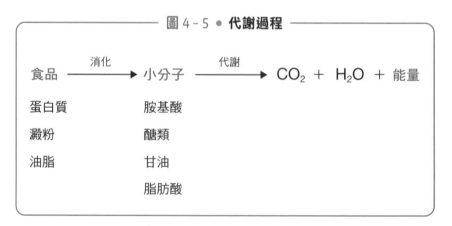

圖 4 - 5 ● 代謝過程

食品	消化 → 小分子	代謝 → CO_2 ＋ H_2O ＋ 能量
蛋白質	胺基酸	
澱粉	醣類	
油脂	甘油	
	脂肪酸	

　　代謝過程所產生的能量，根據食品也會有所不同，這就

是問題所在，如果1g的蛋白質或澱粉產生的能量是4大卡，油脂的話就是約2倍的9大卡。

下表整理了油脂的營養價值，無論是動物性或植物性，因為都是油脂，所以熱量沒有太大差別。

圖4-6 ● **主要油脂的營養價值**

每100g

		熱量	水分	蛋白質	全脂質	飽和脂肪酸	膽固醇	碳水化合物	食物纖維	食鹽相當量
		kcal	g	g	g	g	mg	g	g	g
動物	牛油	940	Tr	0.2	99.8	41.05	100	0	0	0
	豬油	941	0	0	100	39.29	100	0	0	0
植物	芝麻油	921	0	0	100	15.04	0	0	0	0
	橄欖油	921	0	0	100	13.29	0	0	0	0
	大豆油	921	0	0	100	14.87	1	0	0	0
	調合油（沙拉油）	921	0	0	100	10.97	2	0	0	0
	人造奶油	769	14.7	0.4	83.1	23.04	5	0.5	（0）	1.3

出自日本食品標準成分表（7版）　　　　Tr＝微量、（0）＝根據文獻等推測不含此成分

但是從其他方面來看，就可以看出動物性跟植物性有很大差別，首先是**膽固醇**，動物性的豬油跟牛油都有100mg。相對地，植物性油脂不論哪種幾乎都是0mg，這可以說是非常顯著的區別吧？

再來可以看到飽和脂肪酸的量，動物性油脂大約有40mg，而植物性大概是10 ～ 15mg，也就是動物性油脂的3分之1。

像這樣看完**膽固醇或飽和脂肪酸的量後，似乎也不得不稱一聲植物性油脂為健康食品**。

表中也列舉了氫化油製作的人造奶油的數據，氫化油的原料是植物油，但因為觸媒還原（參照上一小節）的關係，可以發現飽和脂肪酸因此變多，但也還不到豬油或牛油的程度。另外，膽固醇量還是維持植物油的狀態，幾乎為0。雖然這樣看起來會覺得人造奶油是很優秀的健康食品，但就像後文會提及近來被視為會威脅健康的**反式脂肪酸**，為人造奶油蒙上一層陰影。

食品之窗

油不只是用來吃而已

現代人們會總認為動植物的油是拿來吃，而石油等礦物油是工業用的。但是如前面所看到的，蓖麻油雖是植物油，但還是應用於工業上。從油棕的果實中獲得的棕櫚油，除了食用以外，也可作為火力發電的燃料。

近代歐洲、美國家庭用鯨魚油來當作燈油，因此捕鯨業相當興盛。甚至有說法認為培里強迫日本開國的其中一個理由，就是想要有捕鯨船隊的靠岸港口。當時日本的燈主要是以室內油燈為主，使用的燈油主要是沙丁魚等搾出的魚油。植物性油脂做成的蠟燭很貴，不是一般家庭用得起的。

4-4

人工油脂對身體不好嗎？

──反式脂肪酸是什麼東西？

　　最近油脂或脂肪酸引起了各種話題，其中一個話題便是哪些油可以稱為健康油，讓我們來看看主要有哪些健康油吧！

　　傳聞吃了青背魚的油，頭腦就會變好，青背魚的油脂組成成分之一的EPA（IPA）或DHA似乎有這種效果。這個EPA或DHA是什麼呢？我們首先來看看名字的由來，所有分子都有名字，而分子的名字不是由發現的人或是製造的人擅自命名的，是由國際純化學暨應用化學聯合會（IUPAC）這個國際團體依據分子命名法嚴格制定。所有分子都是依循該命名法，並決定出幾乎沒有歧義的名字。而且規則上**知道名字，就可以知道分子結構**。

　　有機化合物的命名法基本上是使用碳原子的數量。EPA也就是「二十碳五烯酸」（Eicosapentaenoic acid）的簡稱，在希臘文的數詞中，「eicosa」是20的意思，「penta」則是5，「enoic」表示雙鍵，最後的「acid」是英文中的「酸」，也就是説，EPA就是「有20個碳跟5個雙鍵的酸」的意思。另外，20以前是叫eicosa，現在是叫icosa。因

此，這種脂肪酸以前被稱為EPA，現在在化學領域則被稱為IPA。不過在料理相關的領域，現在也還是用EPA這個稱呼。

DHA則是二十二碳六烯酸（Docosahexaenoic acid）的簡稱。Docosa是22，hexa是6，所以這是「22個碳原子，6個雙鍵」的意思。各自的結構式如圖所示。

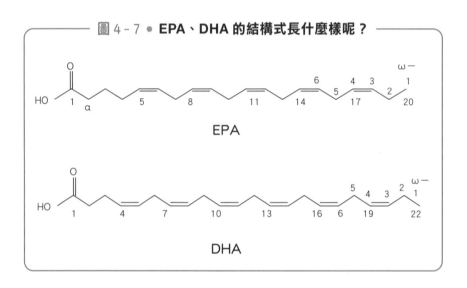

圖 4-7 ● **EPA、DHA 的結構式長什麼樣呢？**

最近也有一說是 ω-3（Omega-3）脂肪酸對身體很好，**ω-3脂肪酸**是什麼呢？ω 是希臘字母最後的字母，在基督教文化圈有結束的意思。

ω-3脂肪酸就是不飽和脂肪酸中，從尾端開始算起第3跟第4個碳原子是雙鍵的意思，所以EPA跟DHA都可以算是 ω-3脂肪酸的其中一種。

人類為了生存需要很多種脂肪酸，人體可以用其他脂肪酸來製造必要的脂肪酸，但也存在著**無論如何都無法自行製造的脂肪酸**，這就稱為**必需脂肪酸**。

必需脂肪酸有2大系統，6個種類。

＊ **ω-3類**：α-亞麻酸、EPA、DHA。

＊ **ω-6類**：亞油酸、γ-亞麻酸、花生四烯酸。

ω-6類就是指從碳鏈的尾端開始算，第6跟第7個碳原子是雙鍵的脂肪酸。

只要有α-亞麻酸，人體就可以自行製造出EPA、DHA，同樣地，如果有亞油酸的話，就可以製造出其他ω-6脂肪酸。所以狹義來説，必需脂肪酸是α-亞麻酸跟亞油酸。

下表整理出各種食用油中所含的個別脂肪酸與其效用。

圖 4 - 8 ● 來看看 ω - 3、ω - 6 的作用

	ω-3 必需脂肪酸	ω-6 必需脂肪酸
代表的油種	亞麻籽油、紫蘇油、奇亞籽油、青背魚油等。	紅花籽油、玉米胚芽油、沙拉油、美乃滋等。
主要作用	抑制過敏、抑制發炎、減少血栓形成、使血管擴張。	促使過敏、促使發炎、促使血栓、凝血。

可以發現ω-3脂肪酸、ω-6脂肪酸的效果幾乎是相反的。由此可知，儘量攝取不同種類的食物有多重要。

有説法是反式脂肪酸對身體不好。在美國跟加拿大廠商有義務要明確標示食品中含有的反式脂肪酸的量。

那反式脂肪酸又是什麼呢？反式是指雙鍵周圍的立體構造，雙鍵上結合了4個原子團（置換群），同樣的原子團如果在雙鍵的同一側排列就稱為順式，在相反側排列就是反式。以脂肪酸來思考的話，**氫在雙鍵同一側形成共價鍵的稱為順式脂肪酸，而在相反側形成共價鍵的則是反式脂肪酸。**

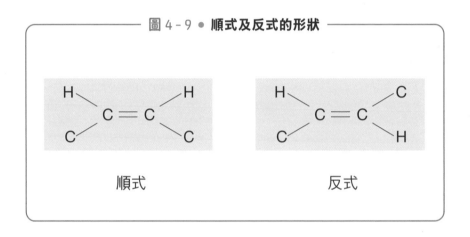

—— 圖 4-9 ● **順式及反式的形狀** ——

順式　　　　　　　　　反式

請看圖4-7的EPA跟DHA結構式，可以看出所有的雙鍵都是順式，也就可以知道自然界的脂肪酸都是順式。

那麼，反式脂肪酸又是怎麼來的呢？這是從氫化油來的。前面有說氫化油是不飽和脂肪酸的雙鍵上結合了氫原子。但是如果是有好幾個雙鍵的脂肪酸，觸媒還原後不是所有的氫都會跟雙鍵結合，有些會保留雙鍵的樣子，這種雙鍵就會變成反式雙鍵。

圖4-10是拿只含有1個雙鍵的油酸當作例子，標示出了反式（人工）跟順式（天然）的結構。可以發現形狀有很大的不同，**換言之，天然物會彎曲，而人工物是直的。**

圖 4-10 ● **天然物會彎曲，而人工物是直的**

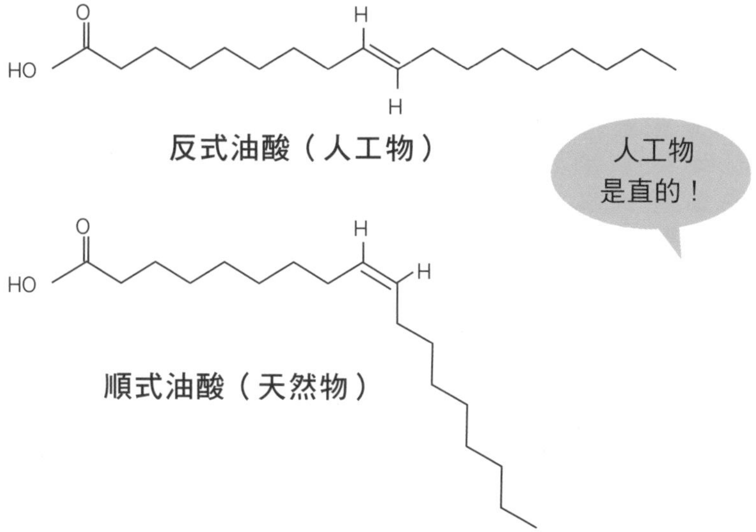

反式油酸（人工物）

人工物是直的！

順式油酸（天然物）

　　結構圖呈現了天然物因為有彎曲的結構，所以無法規律摺疊形成結晶（固體）狀，而相對地，筆直結構的人工物則可以規律重疊起來變成固體。像這樣的差別，不就會對健康產生影響嗎？

　　所以如果不想吃反式脂肪酸，就最好避免人造奶油、起酥油、脂肪抹醬等使用氫化油的食品。

油脂是「減肥之敵」嗎？

──油脂所製造的「細胞膜」扮演了重要角色

食物進入體內後會被吸收、被代謝並產生能量。**1g蛋白質跟醣類有4大卡的能量**。相對地，**油脂會產生9大卡的能量**。所以油脂是生命活動時非常重要的能量來源。然而如果攝取過度，就會變成肥胖的源頭，所以近年來被視為減肥大敵而遭到冷眼對待，油脂實在非常可憐。

油脂不只是生命活動相當重要的能量來源，也是**細胞膜的原料**。沒有油脂的話，就無法形成細胞膜，而沒有細胞膜，就會跟前文提到的病毒一樣了。換言之，甚至連生物都不算了。為了維持生命體的狀態，我們就有持續攝取油脂的義務。

那麼，細胞膜跟油脂之間有怎樣的關係呢？為了了解這個，只要看看「界面活性劑跟分子膜」的關係，也就是「肥皂水跟泡泡」的關係是最好懂的。

前面提到溶解的話題時，有提到分子中有能溶於水的親水性分子，以及會避開水的疏水性分子。附帶一提，分子中有同時具有親水性及疏水性兩者的類型，那就是肥皂分子。

如下圖所示，油脂（脂肪酸）如果跟氫氧化鈉NaOH

發生作用，油脂就會變成脂肪酸鈉鹽，這就是**肥皂分子**。

圖 4-11 ● 脂肪酸鈉鹽

$$CH_3 \cdot CH_2 \cdots CH_2 \cdot \overset{\displaystyle O}{\overset{\|}{C}} - OH \quad \xrightarrow{\ NaOH\ } \quad CH_3 \cdot CH_2 \cdots CH_2 \overset{\displaystyle O}{\overset{\|}{-C}} - O^- Na^+$$

脂肪酸

脂肪酸鈉鹽
（肥皂分子）

　　上面的肥皂分子中，有標示為 CH_3、CH_2……的部分，這就稱為碳原子鏈，因為不是離子性質，所以不會跟水混合（稱為疏水性）。相對地，COO^-Na^+ 的部分具有離子性，所以是會跟水混合的親水性。

　　也就是説，肥皂分子的一個分子中，有疏水性的部分跟親水性的部分，像這樣的分子就稱為**兩親分子**。兩親分子用圖樣來標示的話，一般親水性部分為 ⬤，疏水性部分用直線來標示，就像火柴棒一樣。

　　兩親分子溶於水的話，親水性部分可以進入水中，但疏水性部分不想進入水中，結果是兩親分子會像下一頁的圖那樣，用彷彿倒立的形狀從水面浮起。

　　濃度升高後，水面上就會滿滿被兩親分子占滿，這種狀態下的兩親分子集團就像是小學生參加朝會時聚集在操場上

一樣，黑色的一端會集合起來，看起來像膜一般，而這樣的
分子集團一般就稱為**分子膜**。

圖 4-12 ● **疏水性部分（－）在水上，親水性部分（●）在水中**

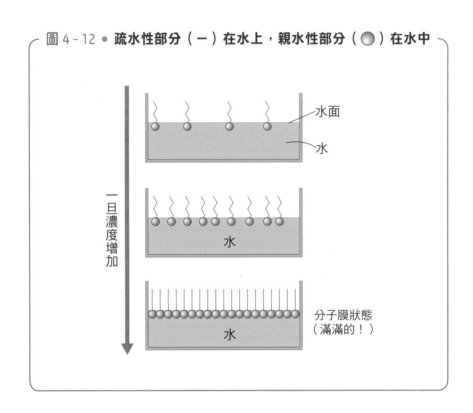

一旦濃度增加

水面
水

水

分子膜狀態
（滿滿的！）
水

　　泡泡的膜就像這樣，是由兩層分子膜重疊而成的產物，
而且膜相連的地方還會夾著水分子。

　　細胞膜就是把泡泡的膜再複雜化一點的東西，雖說如
此，組成細胞膜的兩親分子當然不是肥皂分子，但也沒有差
很多。因為**細胞膜的兩親分子也是由油脂所組成的**。

　　我們就省略化學部分的細節，但細胞膜就像泡泡的膜一
樣，由兩片分子膜的疏水性部分相接，而變成重疊狀態。

分子膜的特徵就是「分子之間沒有共價鍵」，因此組成分子膜的分子可以在膜內自由移動，而且也可以自行離開膜，甚至是再度加入。

　　像這樣由分子膜所構成的細胞膜，也跟分子膜一樣可以自由變化跟移動。

　　正是細胞膜的多變創造出了生命的多變吧。如果細胞膜是像保鮮膜那樣分子無法自由活動的東西，生命可能就不會誕生了。

　　細胞膜中挾帶許多蛋白質或膽固醇這類「不純物質」，這些東西像在南冰洋上漂浮的冰山一樣可以自由移動。

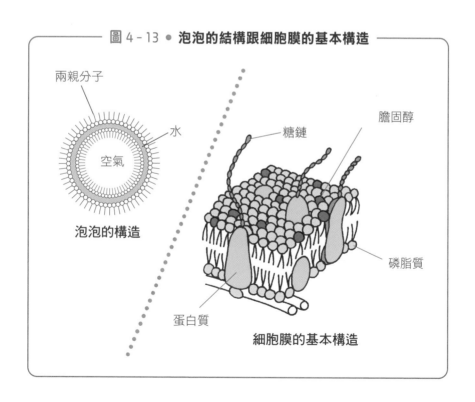

圖 4 - 13 ● 泡泡的結構跟細胞膜的基本構造

兩親分子

水

空氣

泡泡的構造

糖鏈

膽固醇

磷脂質

蛋白質

細胞膜的基本構造

4-6

油脂跟火災的知識

——天婦羅引火點、起火點的知識

家庭要大量使用油脂的時候，大概就是炸天婦羅的時候了。將 1 公升左右的植物油加到鍋裡然後開火，在家庭的各種料理手法中，也可以算是特別危險的一種。

不習慣做菜的人如果想要炸青椒，就這樣將一個青椒丟到加熱後的油裡，青椒會因為受熱而使得內部空氣膨脹並爆炸，熱油就會飛散，造成燙傷。

更糟糕的情況是，火點燃油就會造成火災。就算只有蝦尾，這個密閉的空間裡也充滿水分，如果直接放入天婦羅鍋的話也會爆炸。這就跟火山發生的水蒸氣爆炸是同一原理。

油的火災是怎樣發生的呢？東西燃燒需要一定溫度，而「火點燃的溫度」分為兩種，**引火點跟起火點**。

把油倒入天婦羅鍋，然後讓火柴的火靠近油，火柴只要不掉到油裡，油是不會著火的。但是如果把油加熱到一定溫度以上後，火柴的火只要接近就會讓油燃燒起來，這個溫度就是引火點。也就是說，附近如果有火種時會燃燒起來的溫度，就叫做引火點，**天婦羅油的引火點是 316℃**。

超過引火點還繼續加熱的話，會發生什麼事呢？就算不

讓火柴的火靠近，油本身也會突然起火燃燒。這個溫度就是**起火點**，以天婦羅油來說大概是 340～370℃。天婦羅的引火點跟起火點溫度意外接近。

適合天婦羅的溫度是 180℃ 左右。如果不小心持續加熱達到 250℃ 的話，油會隱約冒出一點煙，並散發惡臭。而如果達到引火點的 316℃，並在一旁的瓦斯爐上用火，火就會轉移到天婦羅油上；要是達到起火點的 340℃，就算熱源是 IH 電子爐，明明沒有火，但油還是會擅自燃燒起來。

天婦羅是伴隨著燙傷或火災的料理，如果沒有自信的話，不要勉強自己，去超市買或者去餐廳吃，或許還比較聰明也說不定。

把滅火器用在天婦羅火災？

　　滅火器跟食物雖然無關，但跟廚房有密切關係，也就是廚房的火災。

　　滅火器被說是「每家都要有一個以上的必需品」，但不是有買就好了，請務必把它放在廚房裡。但只是買下來是不會懂使用方法的，而滅火器如果沒辦法滅火的話就沒有意義。

　　然而，就算想要練習，但滅火器只要用過一次就不能再次使用，也就沒用了，這樣根本就不想拿來練習。

　　如果住家附近的消防隊或自治會（防災會）有示範滅火器使用的機會，請務必參加並親自試試看。

　　滅火器的噴射比想像中來得激烈，朝著天婦羅鍋噴的話，鍋子可能翻過來並讓火花四處噴濺也說不定。

　　所以天婦羅火災時很方便的是「滅火彈」。雖然名為「彈」，但不是像大砲砲彈那樣的東西，其中還有塑膠花造型的產品。花瓶裡的花裡加入了碳酸鉀（K_2CO_3），跟油脂起反應後，會將油脂變成固體的肥皂。肥皂會讓鍋子裡油的表面凝固，阻斷氧流進油裡，這便是滅火的機制。

透過穀物了解
「碳水化合物」
的世界

來了解穀物的種類跟特徵吧

——可作為糧食和能量

　　這個世界上有許多民族，每個民族都有各自固定的穀物作為主食，主食的歷史很長，所以很難輕易變更成其他穀物。首先在這一章的開頭，我們來看看主要穀物的種類及特徵吧。

○米：從熱帶到溫帶地區的多雨地帶都有栽種。主要產地相當遼闊，從東亞到東南亞、印度皆是，包含巴西、非洲在內等許多區域都將米當成主食。

○小麥：以溫帶地區為中心，適合栽種在較乾燥的地區。是歐洲或北美、澳洲、紐西蘭、中東、華北、印度等廣大地

| 米 | 小麥 | 大麥 | 燕麥 |

區的主食。

○大麥：通常**用於釀造啤酒用的麥芽或是飼料**。在寒冷的西藏是主食。

○燕麥：以前在蘇格蘭是主食，在世界各地似乎多用於飼料，特別是馬飼料。英國稱為oat，燕麥片就是用這個做的。

○黑麥：北歐及德國、俄國等寒冷地區被當成主食。

○玉米：適合栽種在偏乾燥的地區。雖然在**中南美跟非洲是主食**，但在其他地區主要被當作飼料。

○蜀黍（Sorghum bicolor）：中國稱為高粱，性質上較為適應乾燥，在亞洲跟非洲被廣泛栽種，另外，美國也會種。在非洲及南亞的部分地區是重要的主食，但在其他地區幾乎都是用作飼料。

○蕎麥：歐亞大陸全區都會栽種，會做成煎薄餅或蕎麥麵、蕎麥粥等各種方式來食用。

○雜糧：除了以上幾種以外的各種穀物（黍、日本粟、薏仁等）。主要栽種於亞洲及非洲。

○三大穀物：米、小麥、玉米被稱為世界三大穀物。生產量、消費量都跟其他穀物有極大的差距。

生質燃料　　是食物？還是燃料？

　　對人類來説穀物是重要的食物，但還有一個功用使得穀物更加不凡，那就是它能夠轉化成能源。現在提到能源會想到核能發電、火力發電，還有台灣近年來稱為「綠能」的風力發電、水力發電、太陽能發電等。現在主要的能量來源是火力發電，而燃料就是石炭、石油、天然氣等**化石燃料**。燃燒化石燃料會釋放二氧化碳，導致地球發生溫室效應。

　　因此**生質能源**受到了矚目。生質能源過去也有像木炭、發酵產生的甲烷等，有很多種類，為了汽車等內燃機而開發出來的則是酒精燃料。就是讓葡萄糖經過酒精發酵後產生出乙醇。葡萄糖的原料是澱粉，也就是説，現在的生質酒精燃料的原料是玉米。

　　就像前一頁的「玉米」一項也有提到，玉米是很多民族的主食。把主食拿來當成燃料，這樣好嗎？會不會奪走窮人的主食？不管是草還是樹，植物都是由纖維素所組成的，纖維素跟澱粉一樣，都是由葡萄糖所構成。牛或羊也是分解這些纖維素來轉換成葡萄糖，成為他們的營養來源。

　　只要多培養能分解纖維素的適當菌種，感覺就能一口氣解決糧食及能源危機，讀者們覺得呢？

5-2

 糧食增產解救世界的饑荒問題

──肥料、農藥、綠色革命

　　下面的圖表是世界人口的年度變化。2020 年以後是聯合國推測的數值，在多與少的預測值之間落差之大令人訝異。2100 年多的預想是 140 億人，也就是現在的 2 倍，少的預測則是 65 億人，比現在還少。即便如此，西元 1940

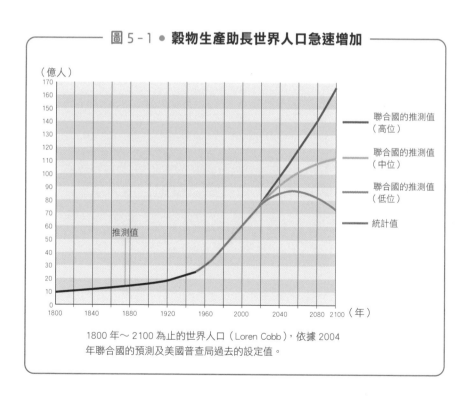

圖 5-1 ● **穀物生產助長世界人口急速增加**

（億人）

聯合國的推測值（高位）

聯合國的推測值（中位）

聯合國的推測值（低位）

統計值

推測值

（年）

1800 年～ 2100 為止的世界人口（Loren Cobb），依據 2004 年聯合國的預測及美國普查局過去的設定值。

年以來人口成長的幅度仍相當可怕，半個世紀左右幾乎就成長了3倍。

人口增加的話，對食物的需求也會增加。不，或許應該是相反才對。或許是因為食物增加，人口才得以增加也說不定。那麼，為什麼食物可以增加呢？

穀物、蔬菜、果實等植物性食物會增加的很大原因是**化學肥料**的出現。植物要是沒有適當的肥料就無法健全生長。植物有所謂的**3大營養素**，讓植物的本體，也就是葉跟莖等生長的是氮（N），而讓花及果實成長的是磷（P），讓根生長的是鉀（K）。**氮、磷、鉀3大營養素中，氮尤為重要**。

氮在空氣中占了80%的體積，可說是用之不竭的資源量，但是除了豆科之類的特殊植物以外，植物幾乎無法把空氣中的氮氣當成肥料來吸收。過去是用腐葉土或堆肥來做成肥料，然而因人口增加，這些肥料也逐漸不敷使用。

就在那個時候，德國的科學家哈伯跟博施在1906年發表了「氮氣人工固定法」。靠著名為**哈伯－博施法**的方法，可以讓空氣中的氮氣（N_2），以及將水電解後得出的氫氣（H_2）作為觸媒之下，透過400～600℃、200～1000氣壓這樣的高溫高壓處理下製造出氨（NH_3），之後這兩人獲得了諾貝爾獎。

將得到的氨進行氧化後，就可以得出硝酸（HNO_3），而這跟氨反應就會成為**硝酸銨**（NH_4NO_3），1分子的氮原

子有2個，是很優秀的氮肥料。另外跟鉀產生反應的話，就
會成為硝酸鉀（KNO_3），**硝酸鉀是可以同時提供3大營養
素中的氮跟鉀這兩種元素的肥料**。

像這樣透過開發化學肥料，就讓世界上的穀物生產量有
了很大成長。

穀物增產的另一個要素是殺蟲劑、殺菌劑等農藥的開
發，其先驅是DDT。DDT是所謂有機氯化合物的一種化學
物質，也就是含有氯（Cl）的有機化合物。

圖5-2 ● **支撐穀物生產的農藥（DDT、BHC）**

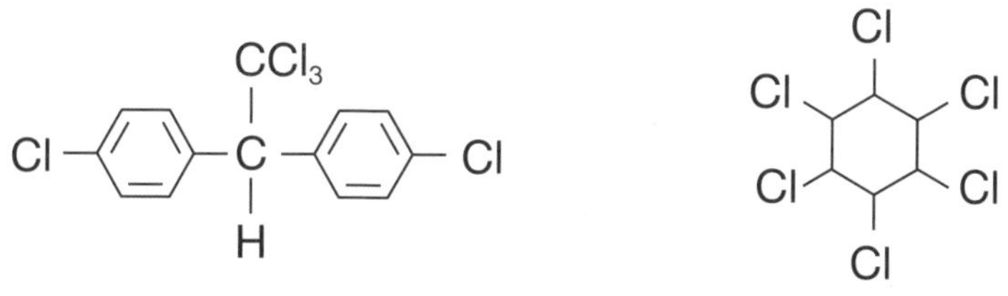

DDT最初合成是在1873年，但因為沒有用途，長時間
沒有人理會。但1939年瑞士科學家米勒發現有殺蟲效果。
因為這個發現，DDT在第二次世界大戰的戰場上，對眾多
戰死者遺體上群聚的蒼蠅跟蛆發揮了劃時代的威力，米勒因
此在1948年獲得了諾貝爾獎。

然而，後來得知DDT、BHC等氯殺蟲劑對人類也是有害的，因此改開發出磷殺蟲劑，現在還有所謂類尼古丁這種新類型的殺蟲劑。

這些**農藥**可以避免蟲子食用結穗的穀物，減少植物的病害。

除了利用上述化學方面的手段增加產量，也就是在設施方面下工夫並發揮效果的方法以外，後來還有被稱為**綠色革命**（參照128頁），也就是方法方面的改良。

一般來說肥料會促進植物的生長，但不一定能順利奏效。投放一定程度的肥料量，會使原生穀物品種的收成量減少，這是因為原生物種的情況是成長到某種程度以上後，反而容易發生倒伏的情形。

因此，墨西哥開發的墨西哥系短桿小麥品種，或者是菲律賓等開發的稻種IR8等，就作為高產量品種而被引入日本。這些**矮品種不容易發生倒伏，會因施肥而增加產量，並且不容易被氣候條件影響而可以達到穩定生產的目標**。

其他對綠色革命貢獻良多的因素還有例如灌溉設備更新、防病蟲害技術提升、農業機具機械化等。

綠色革命這樣的說法是1968年美國國際開發署發明的說法，原本直到1960年代中期為止，亞洲的糧食危機都令人堪慮，但不只因為綠色革命而得以避免，還因為供給比需求增加更多而保障了糧食的安全，穀物價格也長期下降，使得以都市勞工為主的消費群眾能因而大大受惠。

糧食增產解救世界的饑荒問題

位於墨西哥的國際蜀麥改良中心中，致力開發多產品種、對綠色革命貢獻良多的諾曼・博勞格獲得「比任何歷史先烈拯救更多人命」的美譽，於1970年獲頒諾貝爾和平獎。

下表為1961年、2008年、2009年、2010年的穀物生產量的變化。1961年米、小麥、玉米等3大穀物占全世界穀物生產87%、世界食物熱量的43%。可以發現之後因綠色革命的影響，3大穀物米、小麥、玉米生產量爆發式增加。另外，黑麥跟燕麥的生產量跟1960年代相比大幅減少。

圖 5-3 ● 「綠色革命」造成糧食大增產

（單位百萬噸）

	1961	2008	2009	2010
米	285	689	685	672
小麥	222	683	687	651
大麥	72	155	152	123
燕麥	50	26	23	20
黑麥	35	18	18	12
黑小麥	12	14	16	13
玉米	205	827	820	844
高粱	41	66	56	56
蕎麥	2.5	2.2	1.8	1.5
雜糧	26	35	27	29

依據 Wikipedia〈穀物〉

透過穀物了解「碳水化合物」的世界

哈伯－博施法不好的一面

　　因為哈伯－博施法，使得硝酸的大量生產得以實現，這也是各種炸藥的基本原料。可以成為肥料的硝酸鉀過去被稱為硝石，是黑色火藥的主要原料。同樣地，硝酸銨直接就有很強的爆發力，多次在歷史上留下大爆炸意外。

　　而重要的是，硝酸是相當有名的炸藥——矽藻土炸藥或黃色炸藥TNT的原料。過去硝酸的原料硝石的生產途徑只有從礦山中挖掘，或是從人類的尿中提取，因此硝石量相當有限。沒有硝石就無法製造出硝酸，也不能製造出步槍子彈或炸彈，換言之，只能揮刀。

　　哈伯－博施法不僅有助於糧食生產，反之，也使得人們能生產出無窮無盡的炸藥。或許促成第一次、第二次世界大戰的推手，就是哈伯－博施法的負面效應了吧！而且直到現在，世界上各個地方也都持續發生地區衝突。

5-3

腳氣病跟維生素 B1 的故事

——知識不足及頑固引發的悲劇

主要穀物的營養價值整理在下表。熱量似乎沒有很大的差別，可以知道小麥跟蕎麥的蛋白質較多，玉米的脂質較多。而飽和脂肪酸的量也是玉米較多，米跟蕎麥的食物纖維則顯著地少。

糙米跟白米比較的話，可以發現脂質跟食物纖維有很大

圖 5-4 ● 穀物的營養價值

每100g

	熱量	水分	蛋白質	全脂質	飽和脂肪酸	膽固醇	碳水化合物	食物纖維	食鹽相當量
	kcal	g	g	g	g	mg	g	g	g
糙米	353	14.9	6.8	2.7	0.62	（0）	74.3	3.0	0
白米	358	14.9	6.1	0.9	0.29	（0）	77.6	0.5	0
糯米	359	14.9	6.4	1.2	0.29	（0）	77.2	（0.5）	0
小麥（低筋麵粉）	367	14.0	8.3	1.5	0.34	（0）	75.8	2.5	0
大麥（糯麥）	343	14.0	7.0	2.1	（0.58）	（0）	76.2	8.7	0
玉米	350	14.5	8.6	5.0	（1.01）	（0）	70.6	9.0	0
蕎麥	361	13.5	12.0	3.1	0.60	（0）	69.6	4.3	0

出自日本食品標準成分表（7版）　　　（數值）＝推測值，（0）＝根據文獻等推測不含此成分

差別。白米的脂質與糙米相比少了3分之1，食物纖維少了6分之1。習慣白米的現代人可能很難改吃糙米，但是營養價值糙米比較高這是千真萬確的。

　　白米被指出很多營養問題，一個很大的問題是「**維生素B1不足**」。維生素B1不足就會引發**腳氣病**，腳氣病是江戶時代就為人所知的疾病，或許就是當時江戶有許多人罹患腳氣病，所以才出現「江戶病」或「江戶疾患」這類稱呼吧。

圖5-5 ● **吃白米會得腳氣病，吃糙米就很健康……其中的原理是？**

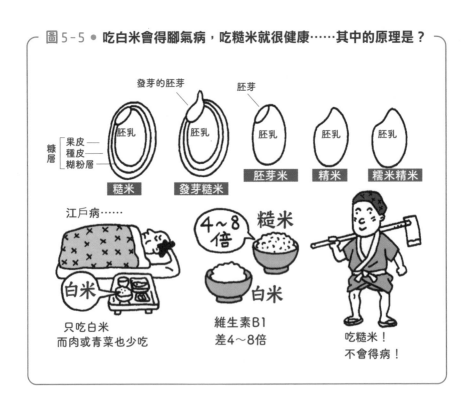

　　當時鄉下地區都吃糙米所以幾乎不會得腳氣病，而江戶人常吃白米，所以維生素B1不足。因此腳氣病是住在江戶的人常常得到的特殊疾病，而被稱為「江戶病」。然而，當

時的人們似乎沒發現腳氣病的原因在於常吃白米，當然也沒有維生素的相關知識。

這種情況到了明治時期也沒有改變，面臨腳氣病問題的是有眾多士兵的軍隊，特別是陸軍。士兵接二連三地罹患腳氣病，發現解決辦法的是海軍。1884年，海軍軍醫總監**高木兼寬**發現腳氣病患者多為下士以下的軍階，但上級士兵比較少，因此認為「腳氣病原因跟士兵的飲食有關」，因此將全體士兵的飲食換成洋食。但是士兵們不喜歡麵包，所以隔年將主食換成了麥飯，而這麼做之後，腳氣病患者就急劇減少了。

高木學的是英國式的實證主義醫學，而陸軍則反對實證醫學。後來的陸軍軍醫總監**森鷗外**（本名：森林太郎）學的是德國式的理論主義醫學，當時還沒有維生素這種概念，因此他似乎執意認為「疾病是由細菌所引起的，食物能引發的問題頂多是營養不良」。

因此，他不顧好不容易在海軍經過實驗性改革後得出的好結果，不僅沒有接受這個方法，還批評海軍的方法不符理論，結果海軍也在幾年後恢復原本的飲食，腳氣病患者因而急速增加。

無論在什麼組織都很容易因迷思及地盤意識干擾判斷，但為此困擾的卻是組織的基層人員們。

5-4

 用科學角度來看碳水化合物

——為什麼喝了牛奶肚子就會咕嚕咕嚕叫？

　　穀物的主要成分是澱粉，**澱粉是由「碳原子」跟「水」經過適當比例結合後的產物，因此被又稱為「碳水化合物」**。

　　碳水化合物有許多種類，分類的方法也很多，營養方面就如下圖這樣分類。

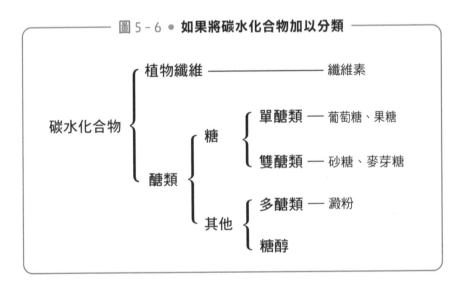

圖 5-6 ● 如果將碳水化合物加以分類

碳水化合物
- 植物纖維 ———————— 纖維素
- 醣類
  - 糖
    - **單醣類** — 葡萄糖、果糖
    - **雙醣類** — 砂糖、麥芽糖
  - 其他
    - **多醣類** — 澱粉
    - 糖醇

　　也就是說，可以分成人類消化吸收後能變成養分的「**醣類**」，跟不能變成養分的「**植物纖維**」。

而醣類可再分成「糖類」跟「其他」，糖類可分成「單醣」及「雙醣」，其他也可以分成「多醣」跟「糖醇」。植物大多為多醣類，但解釋起來卻很複雜，我們留待後文解析。

請把**單醣類當成是碳水化合物中最小的物質**。單醣類的代表選手就是葡萄糖和果糖。單醣也是我們接下來要談的雙醣跟多醣的基本原料。

雙醣是由 2 個單醣縮合而成的產物，2 個葡萄糖結合就是麥芽糖，也是水飴或威士忌的原料。而葡萄糖跟果糖結合的東西就是砂糖（正式名稱為蔗糖）。

牛奶中含有的乳糖也是雙醣類的一種，乳糖是由葡萄糖跟半乳糖兩個單醣組合而成，乳糖在體內會被乳糖酶這種酵素分解，但是乳糖酶比較少的人，無法完全分解。也就是說能分解牛奶中乳糖的能力比較弱，肚子就會咕嚕咕嚕動個不停。這就是所謂的**乳糖不耐症**，會讓身體不舒服。

許多單醣結合而成的產物就叫做多醣，多醣也有許多種類。**澱粉是由葡萄糖組成的多醣類**，葡萄糖的數量從數千～數萬個都有，簡單地說，澱粉是類似鏈狀的東西。

植物纖維是名為纖維素的多醣類，這也是由葡萄糖組成的。但是葡萄糖們連結的鍵的種類跟澱粉不同。因此**人類可以分解澱粉，但沒辦法分解纖維素**。也就沒辦法當成營養來源。

相對地，山羊或牛等草食動物的消化道中有可以分解纖維素的微生物，因此他們可以將草當成營養來源攝取。

其他的多醣類還有膳食補充劑中很常見的硫酸軟骨素、玻尿酸、幾丁質等，螃蟹的殼竟然是碳水化合物，可能會有人覺得意外，但自然界有很多「意外」。

前面也有提到「澱粉是類似鏈狀的物質」，當然也不是這麼單純。澱粉有直鏈性澱粉（Amylose）跟支鏈性澱粉（Amylopectin）這兩種種類。而且這些種類跟實際上的烹調也有很大關係。

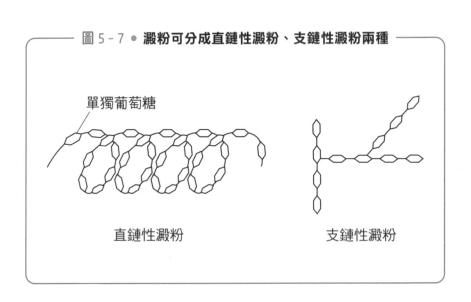

圖 5–7 ● 澱粉可分成直鏈性澱粉、支鏈性澱粉兩種

單獨葡萄糖

直鏈性澱粉

支鏈性澱粉

直鏈性澱粉是由葡萄糖連結成鎖鏈狀，它跟支鏈性澱粉之間決定性的差異在於這個「鎖鏈狀」，也就是說，如果簡單地說明直鏈性澱粉，會是像毛線一樣直線狀的分子。

但是分子也不是這麼簡單，這個毛線狀的分子會形成螺旋狀構造（立體結構），跟前面看過的蛋白質一樣。

在中學的理科有做過**碘澱粉測試**這種實驗，在澱粉溶液中加入碘酒（I_2），澱粉溶液就會變成藍色，這就是碘分子 I_2 被吸收到螺旋狀裡面而產生的反應。

我們吃的米飯（粳米）中含有的澱粉約有 20％是直鏈性澱粉。那麼米裡剩下 80％的澱粉是什麼呢？那就是支鏈性澱粉。而**糯米中含有的澱粉全都是支鏈性澱粉**。

支鏈性澱粉的結構如前一頁的圖所看到的那樣，並非一直線，而是有分岔的。就是因為這個分岔，所以分子間會相互糾纏，而這也是糯米餅黏性的來源。

剛煮好的飯既柔軟又美味，但冷掉後變硬就不好吃了。這也是因為澱粉遇熱而發生的變化。

直鏈性澱粉為了保有螺旋狀結構，鎖鏈狀的地方結合的鍵較弱，而這樣的鍵就叫做氫鍵。完好的螺旋狀態（結晶狀態）的澱粉稱為 β 澱粉，生穀物的澱粉就是 β 澱粉。

β 澱粉在有水的情況下進行加熱的話，氫鍵就會被切斷，而螺旋結構也會崩毀，結晶構造因此被破壞，像這樣的澱粉稱為 α 澱粉。也就是說生米是 β 澱粉，飯是 α 澱粉。

α 澱粉的結構比較鬆散，所以酵素可以進入澱粉內部，比較容易消化。但是在這個狀態下冷卻的話，就會變回原本的 β 澱粉，也就是冷掉的飯的狀態。然而如果沒有水，澱粉就會一直是 α 澱粉的狀態，這就是乾麵包、冷凍乾燥白飯，或是戰國時代武士跟忍者在戰場上吃的烤飯。

食 品 之 窗

埃及的麵包變成了啤酒？

　　據說製造金字塔時期的古埃及，會配給勞工麵包。勞動者將吃剩的麵包浸泡到水裡後放置幾天，做成啤酒來喝。這是有可能的嗎？

　　製作麵包要在加水揉製過的小麥粉中加入酵母菌，然後短暫放置。如此一來，酵母菌就會進行酒精發酵，將葡萄糖分解為酒精（乙醇，CH_3CH_2OH）跟二氧化碳，這個二氧化碳就變成泡泡來讓麵團膨脹。

　　現代的麵包會用高溫加熱麵糰，所以酵母菌也會因此死掉，然而，埃及時代的麵包似乎不會連內部都烤熟，也就是像章魚燒那樣只有外部是熟的。那樣的話酵母菌就會活下來，把麵包浸在水中後，酵母菌會再度開始進行酒精發酵，啤酒（無添加啤酒花）就這樣被做出來了吧。

基因編輯在農業中有什麼用處？

—— 能超越「物種之壁」獲得想要東西的技術

　　人類在漫長歷史中不斷改良可以提升收穫量及抗病性的作物，而這種手法就是**讓具有想要的某種特質的作物們進行雜交**。但是雜交也有限度，因為**要跨越物種之壁是很困難的**。就算讓稻科的米跟豆科的大豆進行交配，子代的植物傳承性徵後「看似有結出穗」，但其實並沒有。更別說讓植物跟動物交配，光想像也是荒唐無稽。

　　然而在遺傳學知識及操作技術迅速並飛躍性進步的現代，像這樣荒誕的夢想也變得可以實現了。

　　基因是被寫入在核酸DNA上的東西，裡面存有生物的遺傳資訊。遺傳學研究從20世紀中到20世紀末，有了驚人的發展。可以說現代已經進入了可以將相關知識及技術實現的時代了吧。

　　一般認為如果可以操作基因，就有可能跨越物種之壁。而這也正在實現中，也就是**基因改造或基因編輯**。如果放眼家畜領域的話，像是複製技術及幹細胞技術應該也可以算進這個範疇裡吧。

　　基因改造是指將某種生物的DNA取出，並移植到完全

第
5
章

透過穀物了解「碳水化合物」的世界

不同種類的生物上合成新的DNA，並以此為基礎創造出新的物種，使之成長的技術。神話中出現的奇美拉是人頭牛身，或者上半身是美女、下半身是蛇的生物，或許基因改造的技術會讓**奇美拉**不再是神話。

透過現代的基因改造，誕生出許多品質優良、產量豐碩且能對抗病蟲害的優良作物，並實際上市流通，那就是基因改造作物。

食品之窗

農業會改變木工的工作嗎？

過去奈良女子大學曾有一位為人所知的數學泰斗岡潔先生。岡先生比較數學跟物理後說「就像農民跟木工的差別」。物理被比為木工，似乎是因為木工只要有木板跟釘子，一個晚上就可以做出房子，所以物理學才產生了核爆。

然而，農民則是在灑下種子後等待，不久後由太陽跟雨水來讓種子生長，如果想要早點讓它長大而施肥的話，可能會讓根腐敗而枯黃。相反地，只要時間到了，就會帶來豐碩的果實。

現在的農業是否更像是木工的工作，也就是比較接近物理學或工業呢？我認為也有停下來、靜下心好好思考的必要性。

日本雖然沒有製造或培養這類作物，但允許特定品種的作物可以進口。**基因改造且可以進口到日本的食物有：大豆、馬鈴薯、油菜、玉米、棉、甜菜、苜蓿、木瓜等8種。**

　　也有人懷疑基因改造作物的安全性。但是實驗中沒有看到異常，實際上也沒有出現有害的影響。但是，基因改造是剛開發出來不久的技術，別急著大肆應用，能確實確認安全性並穩定發展才比較聰明吧。

　　基因改造處於爭議的風口浪尖下，與之相對地，近來廣受矚目的是**基因編輯**（基因組編輯），也就是將一個DNA切斷或黏起來而加以修正（編輯）。這個技術的根本是「**不混入其他基因**」，所以不可能像基因改造那樣製造出奇美拉。

　　那麼基因編輯技術對農業、畜產有什麼效果呢？那就是**可以消除對生產不利、不需要的基因**。像是真鯛身上似乎有不讓肌肉量增加到一定程度以上的基因，如果把這部分基因「編輯」去除掉後，就可以創造出比過去的真鯛肌肉量多20%、肌肉結實的真鯛。

　　而是否可以把這種技術視為「好」的技術，則是有點困難的選擇。肉多的真鯛雖然作為人類的食物來說很好，但這種真鯛如果在海中大量出現，是否就會有小魚受到壓迫呢？日本的小河裡會變得有黑鱸在其中優游嗎？

綠色革命

　　本章所介紹的「綠色革命」，是指1940年代到1960年代全世界所進行的農業革命運動。說是革命，但並非政治或破壞性的改革運動，而是奠基於科學間的辯證所實行的運動，但是跟過去的農業技法相較，果然還是應該稱為「革命」。

　　這個運動被視為農業革命的一環，而提倡者是美國的農業學家諾曼‧博勞格，他在1970年時因為「較歷史上的各個偉人都拯救更多性命」，而獲得了諾貝爾和平獎。

　　但是不論何時，都會有人對他人的功績提出質疑，而博勞格對那些人說了以下的話。

　　「我確信我所進行的改革是正確的。但是，或許未來會發現更好的方法也說不定。

　　批評我所進行的改革的西歐環境議題遊說團體當中，當然也有應該傾聽他們意見的踏實努力家，然而，許多都是沒有經歷過挨餓痛苦的菁英，只在大都會舒適的辦公室中進行遊說活動。他們只要在未開發國家的悲慘環境中生活一個月，他們一定也會喊著需要曳引機、肥料跟灌溉渠道吧。如果身在母國的上流社會菁英否定了他們的意見，他們應該也會感到憤怒吧。」

　　博勞格對人類的貢獻，有人會不感到感恩的嗎？

第 6 章

蔬菜跟水果的特色
是什麼呢？

蔬菜、水果、海藻有哪些種類？

──首先來分類看看吧！

　　看看超市的食品賣場入口處，大多都會陳列著蔬菜或水果的貨架，密集地排列著色彩豐富、形狀各異的蔬菜水果。那麼，我們首先來看看有什麼樣的蔬菜跟水果吧！

　　我們從蔬菜開始看吧。蔬菜中，有葉、莖可食用的葉菜、有花朵可以食用的花菜、果實可以食用的果菜、種子可以食用的菜種、根可以食用的菜根等種類，另外，香菇也會放在蔬菜賣場中。主要有以下種類：

○葉菜：高麗菜、白菜、菠菜、小松菜、萵苣、水菜、鴨兒芹、香芹、水芥菜、菊苣、蔥、豆芽菜、土當歸，其他像蕨、紫萁、莢果蕨等山菜，或是筍子等都是「葉菜」。洋蔥、大蒜、薤、百合根等可食用部位看起來雖然像根，但實際上是莖的部分。除了用煮等方式加熱來吃之外，也有可以生吃或醃漬的種類。

○花菜：青花菜、花椰菜、油菜花、食用菊花，近年來食用花卉也很受歡迎。「花菜」可以煮熟或生吃等。

○果菜：有番茄、青椒、甜椒、辣椒、小黃瓜、茄子、

苦瓜、堅瓜、甜瓜、橄欖、冬瓜、南瓜等。「果菜」除了可以生吃，另外還適合煮、烤、燙、炒或是醃漬等各種料理。

○**種子類**：大豆、小豆、蠶豆、菜豆、花生、豌豆、小扁豆、玉米、銀杏等有各種種類。雖說「種子」比較嫩的話可以生吃，但完全成熟的種子要煮過後才能食用。

○**根菜**：白蘿蔔、紅蘿蔔、牛蒡、蓮藕、薑、芥末、薯類（如馬鈴薯、番薯、山藥、蝦芋、菊芋）等。「根菜」除了生吃外，也有煮、烤、醃漬等食用方式。

○**菇類**：人工栽培的菇類有香菇、舞茸、占地菇（しめじ）、金針菇、杏鮑菇、滑菇、木耳等，新品種也不斷被開發出來。野生種有松茸、栗茸等。除了滑菇以外，以煮、烤、炒等加熱的料理居多。野生種有時會以保存為目的做成醃漬品。

○**香草類**：品嘗其香味的植物。會使用葉、花、根等許多部位。使用的地方如下所述：

- 使用葉子的種類：薄荷、蜀椒葉、紫蘇、羅勒、百里香。
- 使用花的種類：薰衣草、茉莉、蜀椒花、丁香。
- 使用果實的種類：八角、辣椒。
- 使用種子的種類：胡椒、香草、黃芥末。
- 使用根的種類：薑、芥末。

接下來看看水果吧。水果正如其名，是吃植物的果實，有像是草莓這種草本植物，也有像蘋果這種木本植物。

○**草本植物果實**：草本植物的果實有草莓、蜜瓜、西瓜、甜瓜、香蕉、鳳梨等。可以做成果醬之外，主要是生吃。

○**木本植物果實**：木本植物果實有蘋果類、橘子類、梨類、葡萄類、桃、柿、杏、櫻桃、奇異果、檸檬、懸鉤子屬類植物、藍莓、樹莓、無花果等很多種類。

有加熱後做成果醬、派、罐頭的食用方式，但大多還是生食為主。也有像梅子做成梅乾這種例外。

除了蔬菜跟果實以外，還有**海藻**。海藻可以說是日本特有的食物，可說是生長在海洋國家的日本人所培育的優秀植物食品。

○**昆布（海帶）**：跟柴魚片一樣都是烹煮鮮美高湯時不可或缺的食材，含有麩胺酸鈉。

○**海帶芽**：味噌湯的配料，拌醋小菜也必不可少。

○**海苔**：包在飯糰外烤的海苔，還有灑在熱飯上的佃煮可說是日本的味道。

○**羊栖菜**：將胡蘿蔔切細並簡單炸過後，一起煮成甜鹹口味，可說是媽媽味道的代名詞。

○**海蘊**：醋漬後當成下酒菜，相當獨特。

○**石花菜**：可以製作出讓湯汁凝固的洋菜，是相當於西方的果凍的高級食材。

○**海蘿**：可當成蕎麥麵的黏著粉（讓蕎麥增加黏性）來
使用。

食 品 之 窗

春天七草 VS 秋天七草

在野山中生長的草木裡，能吃的稱為山菜。《萬葉集》裡記載的光孝天皇和歌就說：

「為了你，前往春天的山野，摘下嫩菜。吾衣及手上，不斷飄下雪片。」天皇所採摘的嫩菜，應該正是山菜吧？被稱為春天七草的水芹、薺菜、鼠麴草、繁縷、寶蓋草、蕪菁（大頭菜）、白蘿蔔，應該是當時的蔬菜。

而相對地，也有秋天七草之稱的胡枝子（萩）、白背芒、葛花、瞿麥、黃花敗醬草、白頭婆（澤蘭）、桔梗，這些並非食用蔬菜，而是用於欣賞其美麗，或煎煮成藥汁。

身居日本的我們，所見的豐富種類蔬菜，許多似乎都是明治時期以後從西方帶來的種類。

蔬菜、水果的成分及科學

——蘋果的蜜為什麼不甜？

　　穀類、蔬菜、水果的主要成分雖然都是碳水化合物，但這三種的不同是在醣類的細節。穀類中有很多多醣類澱粉，蔬菜是纖維素、水果則是單醣類或雙醣類比較多。

　　蔬菜所含有的碳水化合物，主要是澱粉跟纖維素。特別是葉菜含有很多被稱為植物纖維的膳食纖維。人類沒有辦法把纖維素分解成葡萄糖，所以纖維沒有營養價值，但是有很好的整腸效果。

　　另一方面，豆類、玉米等種子類，及南瓜等果菜類，還有薯類等根菜中含有的醣類則是以澱粉為主。

　　水果的特色是甜味跟香氣。那個甜味就是來自單醣及雙醣類，單醣類如**葡萄糖**、**果糖**，還有雙醣類的**蔗糖（砂糖）**是水果甜味的三大要素。

　　果實也含有澱粉，但果實的話大多不是澱粉的最終貯藏庫。果實轉熟後澱粉也會分解並變化成葡萄糖及果糖，成熟的果實會變甜就是因為這樣的化學變化。

圖6-1 ● 蔬菜、豆類、水果的主要營養素

蔬菜（碳水化合物）………▶ 澱粉＋纖維素

豆類、薯類 ………▶ 澱粉

水果 ………▶ 葡萄糖、果糖

熟透的蘋果會有蜜，卻不是蜜部分使它特別甜，這是為什麼呢？

蘋果蜜是一種醣醇，稱之為**山梨糖醇**（$C_6H_{14}O_6$）。山梨糖醇只有果糖跟蔗糖一半的甜度，所以不會覺得甜。山梨糖醇是透過葉子的光合作用製造出來的物質，隨著蘋果生長會從葉子通過莖並運送到果實中，變換成甜的葡萄糖或蔗糖。

但是蘋果完全成熟後，山梨糖醇就會停止轉換，並就這樣繼續吸收水分，這就是蜜的真相。**有蜜的蘋果表示完全成熟，並不是甜的保證。**

果實除了甜以外，也有會讓人愉快的香氣。果實的香氣其實是由數種「香氛物質」混合而成。因此，有的可以明確說出例如：這是草莓的氣味分子、那是香草的氣味分子等，但也有沒辦法舉例的情況。

植物的氣味分子，在化學中主要是被稱為酯的物質。所謂的酯就是醇與羧酸縮合的化合物（參照第4章第2節）。試著舉出例子的話，就像：

· 乙酸乙酯（所有水果的香氣）

· 丁酸乙酯（所有水果的香氣）

· 甲酸異丁酯（所有水果的香氣）

· 乙酸己酯（蘋果、花卉的香氣）

· 乙酸異戊酯（香蕉的香氣）

· 丁酸甲酯（蘋果、所有水果的香氣）

· 丁酸戊酯（梨、杏的香氣）

· 戊酸戊酯（蘋果、鳳梨的香氣）

· 草莓醛（草莓的香氣）

等都很常見。

消費者希望透過蔬菜跟水果攝取的養分包含**維生素**。維生素跟荷爾蒙一樣，只要有微量就能調整生物體的機能。而其中<u>**人類可以自行合成的稱為荷爾蒙，無法合成的稱為維生素**</u>。

也就是說，並不是以「維生素是從植物來的，而荷爾蒙

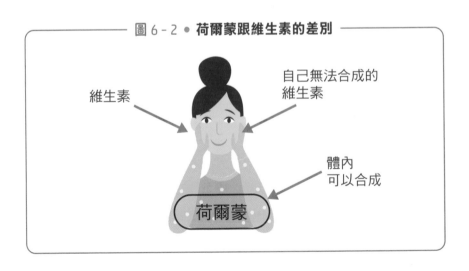

圖 6 - 2 ● 荷爾蒙跟維生素的差別

維生素

自己無法合成的
維生素

體內
可以合成

荷爾蒙

是從動物來的」的差異來區分兩者。因此，魚類身上也可以攝取到維生素，大航海時代的船員靠港時除了採購新鮮蔬果，也不忘補點新鮮漁貨。那個時代還沒有維生素的概念，但已經透過經驗法則知道魚擁有可預防壞血病的維生素C等維生素類了。

維生素可分成溶於水的**水溶性維生素**，以及溶於油脂的**脂溶性維生素**。維生素不足時就會發生維生素缺乏的特定疾病，但是攝取過量的話也會有過剩症狀。如果攝取過量水溶性維生素就會溶於水並隨著尿排出體外，但脂溶性維生素就需要注意。

—— 圖 6-3 ● **水溶性、脂溶性維生素缺乏症** ——

主要的水溶性維生素缺乏症		主要的脂溶性維生素缺乏症	
維生素B1	腳氣病	維生素A	夜盲症、皮膚乾燥
維生素B2	發育遲緩、黏膜・皮膚發炎	維生素D	佝僂病、軟骨病
維生素B6	停止發育、體重減少、癲癇、痙攣、皮膚炎	維生素E	神經系統疾病
維生素B12	巨球細胞性貧血	維生素K	易出血、凝血緩慢
維生素C	壞血病		

維生素及缺乏的症狀如表所示。維生素A不足的話就會有夜盲症，原因在於維生素A如果氧化就會變成「視黃醛」這種視覺物質，這是視覺細胞中掌管視覺很重要的分子。

視黃醛碰到光，雙鍵的形式就會從順式變成反式，這種形態變化會被視神經所感覺到，並因而得知「有光進來了」並傳送到大腦。

蔬菜、水果的營養價值如何？

——蔬菜是低熱量，香菇是低熱量＆高膳食纖維

　　蔬菜、水果的營養價值整理在下一頁的表。可以得知**蔬菜除了根菜類以外，熱量都非常低**，主要是含有膳食纖維的碳水化合物。花椰菜的熱量、蛋白質、膳食纖維都很多，小黃瓜的蛋白質較多。

　　根菜類如地瓜的熱量明顯較多（是馬鈴薯的2倍），地瓜的碳水化合物也接近馬鈴薯的2倍。甜胡蘿蔔的熱量、碳水化合物量都低，相當令人意外。根菜類中，白蘿蔔的食物纖維量較多。

　　香菇的特徵可以說是低熱量且高膳食纖維。

　　水果的熱量是僅次於根菜類的高，這是因為碳水化合物的量很多的關係。其中，香蕉的熱量跟碳水化合物量都很高。水果的膳食纖維不是那麼多，但柑橘類的話，根據是否去除間隔的皮只吃果肉，數值會有很大差異。表中的數值是去除皮後的數字。

　　關於海藻的數據，昆布跟海苔都是乾燥後的，海帶芽是生鮮狀態。比較昆布、海苔後，可以知道海苔的蛋白質量較多，就算和將海帶芽乾燥後的推測值（14g）相比也很多。

圖 6-4 ● 蔬菜、水果的營養價值

每100g

		熱量	水分	蛋白質	全脂質	飽和脂肪酸	膽固醇	碳水化合物	食物纖維	食鹽相當量
		kcal	g	g	g	g	mg	g	g	g
菜	高麗菜	23	92.7	1.3	0.2	0.02	（0）	5.2	1.8	0
	白菜	14	95.2	0.8	0.1	0.01	（0）	3.2	1.3	0
花	花椰菜	27	91.3	3.5	0.4	（0.05）	（0）	4.3	3.7	0
	菊	27	91.5	1.4	0	—	（0）	6.5	3.4	0
果實	小黃瓜	14	95.4	1.0	0.1	0.01	0	3.0	1.1	0
	番茄	19	94.0	0.7	0.1	0.02	0	4.7	1.0	0
根	白蘿蔔（根）	18	94.6	0.5	0.1	0.01	0	4.1	1.4	0.1
	胡蘿蔔	39	89.1	0.7	0.2	0.02	（0）	9.3	2.8	0.1
	地瓜	134	65.6	1.2	0.2	0.03	（0）	31.9	2.2	0
	馬鈴薯	76	79.8	1.8	0.1	0.02	（0）	17.3	1.0	0
蕈類	香菇（生）	19	90.3	3.0	0.3	0.04	（0）	5.7	4.2	0
	洋菇	11	93.9	2.9	0.3	0.03	0	2.1	2.0	0
	杏鮑菇	19	90.2	2.8	0.4	（0.05）	（0）	6.5	4.8	0
水果	草莓	34	90.0	0.9	0.1	0.01	0	8.5	1.4	0
	橘子（雲州）	46	86.9	0.7	0.1	0.01	0	12.0	1.0	0
	蘋果（剝皮）	57	84.1	0.1	0.2	0.01	（0）	15.5	1.4	0
	香蕉	86	75.4	1.1	0.2	（0.07）	0	22.5	1.1	0
海藻	昆布（乾）	138	10.4	11.0	1.0	0.18	Tr	55.7	24.9	6.1
	海帶芽（生）	16	89.0	1.9	0.2	（0.01）	0	5.6	3.6	1.5
	髮菜（烤）	188	2.3	41.4	3.7	0.55	22	44.3	36.0	1.3

出自日本食品標準成分表（7版）　Tr＝微量、（數值）＝推測值、（0）＝根據文獻等推測不含此成分

日常生活的野菜、菌類的毒

——好好事先了解處理方法吧

每年春天都會有搞混山菜跟毒草而吃下並食物中毒的事件，到了秋天則是誤吃毒菇而發生食物中毒，每年都有人因此而喪命。

許多植物都有有毒成分。有的說這是植物讓害蟲不要來的防衛手段，但不知道真正原因。植物中竟含有意想不到的毒素，連美麗的景觀植物也含有劇毒。除了有在販賣的可食用植物以外，不要亂吃比較安全。

這裡就只介紹一些有毒的植物中，因為食物中毒而有名的種類。

○蕨類——**不要忘了用鹼液處理！**

可能有人會很驚訝，春天的代表山產蕨類中，也含有毒素（原蕨苷）。放牧的牛如果誤食蕨類會出血尿並倒下，不只如此，原蕨苷還有強力的致癌作用。

但我們吃到好吃的蕨類時卻不會感到身體不適，這是為什麼呢？這是因為經過了**鹼液**處理。鹼液處理也就是將食物泡在灰的溶液（鹼液）中數個小時，鹼液是鹼性的，所以原蕨苷會因鹼性水解而變得無毒。

圖 6-5 ● 蕨類經過鹼液處理

○烏頭──**烏頭跟鵝掌草的差別在於花！**

烏頭是有劇毒的知名毒草，但秋天會有美麗的紫花而成為園藝植物。當然，還是含有劇毒。烏頭從葉、花、莖、根整株都有毒，其中最毒的是根的部分。烏頭的毒素不僅在食用後使人中毒，還能從傷口等處進入人體，須特別謹慎小心。

烏頭的葉跟可食用山菜的鵝掌草的葉子長得很像，因此總是有人會搞錯而誤食。但是鵝掌草的葉子根部會有兩朵白花，為了不跟烏頭搞混，一定要好好確認花。

○水仙──**跟韭菜的差別是「味道」！**

如果把水仙誤認成韭菜吃下的話，會引起食物中毒。家庭菜園中種了韭菜，而附近可能也會種水仙吧，因為葉子形狀相似所以可能會煮了然後吃下。水仙沒有韭菜的味道，所以可能很好認，但發現這點也是後來的事了。可能因為跟韭菜搞混而大量吃下，所以水仙中毒死亡的例子似乎也很多。

水仙中有名為石蒜鹼的毒，這跟彼岸花中含有的毒成分是一樣的。

○聚合草——**要是在庭院裡看到就拔掉！**

昭和40年代被認為是健康的蔬菜。雖說是往昔常種植於庭院的植物，卻因它是多年草本植物的緣故，可能到了今日還蓊鬱搖曳在庭院裡。聚合草中含有吡咯聯啶生物鹼的毒素，目前已知長時間吃過量的話，會引起肝功能障礙，現在已經被禁止食用了。在庭院裡看到的話就拔掉並丟棄，不要留下禍根比較好。

○馬鈴薯——**在家庭菜園裡要特別當心！**

馬鈴薯的芽中含有名為茄鹼的毒素。市售的馬鈴薯中有些有使用鈷60（正確來說是鎳60）的放射線處理過，所以不會長出芽，但茄鹼會包含在未熟又小的馬鈴薯，或是被光照到皮變成綠色的馬鈴薯。容易發生意外的是家庭菜園或學校菜園，有時會發生煮了小小可愛的馬鈴薯後，兒童吃下並引起食物中毒的事。

○鈴蘭——**有心臟疾病的人要注意！**

雖然不是蔬菜但會種植在庭院裡，也是常插在花瓶裡的花。雖然被視為是值得憐愛的花的代表，但其實是有劇毒的。這毒特別是對心臟很不好，所以有心臟疾病的人最好是不要聞它的味道會比較安全。也曾有過小孩喝下插著鈴蘭花瓶的水而死亡的事件。

○救荒作物——**當心彼岸花的根！**

過去有饑荒，平常不吃但是為了饑荒時能吃而種下的植

物就稱為救荒作物，彼岸花就是這種植物。**彼岸花的根有石蒜鹼**所以不能吃。但石蒜鹼是水溶性的，所以只要小心泡在水中並進行鹼液處理後就能吃，但似乎並不好吃。有其他食物可選的時候誰也不會想吃，只有饑荒的時候沒有其他選擇才會吃。

　　彼岸花不是用種子栽種，不種下球根就不會生長。很多農田旁邊會種彼岸花是為了驅逐土撥鼠，墓園有很多彼岸花的原因是土葬時代，為了不讓重要的人的屍體被動物踐踏，所以抱著這種期望而種下彼岸花。彼岸花雖然也會被人討厭，但也是貼近人們生活的花。其他如蘇鐵的果實及七葉樹的果實也是救荒作物的一種。

　　日本的菇類有4000種，其中據說有名字的約有1/3，毒菇有1/3。**看到野生菇類最好是當成有毒**比較安全。

○貝形圓孢側耳──有腎功能障礙的人有風險！

　　過去會被當成可食用的菇。但是2004年發現頻頻有腎功能障礙的人吃了後發生急性腦症狀的事例，那一年有59人發病，其中17人死亡，其中也包含沒有腎功能問題的人。為什麼會集中在這一年發生呢？雖然目前還不知道，但是從那之後就被指定為不能食用的毒菇了。

○簇生黃韌傘──煮了毒性也不會消失！

　　這種菇一年四季都會生長，長得跟可食用的栗茸很像，但吃下後似乎會有苦味。然而，因為煮了之後苦味會消失，所以有很多人誤食。雖然還不清楚此菇毒素的結構，但已知

不是蛋白質，所以煮了之後也不會因變性而失去毒性。這種菇毒性很強，死亡例子也很多。也曾因被搞錯而在服務區等地販售，造成社會問題。雖然可以食用這種菇的無毒部分，但不要輕易嘗試比較好。

○墨汁鬼傘──跟酒一起吃會有不好的後果！

這種菇成熟後會有自我消化酵素，一個晚上就能融解成黑色的液體，因此被稱為「墨汁鬼傘」。墨汁鬼傘跟酒一起吃的話就有得受了。

宿醉是指體內會把乙醇因體內的氧化酵素而氧化，產生乙醛的現象。平常乙醛不久後會被氧化酵素氧化而變成醋酸，宿醉也會因此解除，但這種**菇的毒素鬼傘素（Coprine）會妨礙乙醛的氧化**，所以會持續產生好幾小時的激烈宿醉。

也不是說好了之後就可以安心，這個症狀會持續大約1週。也就是說，隔天如果又喝酒，就會繼續宿醉，雖說對想戒酒的人可能很有用也說不定，但還是別輕易嘗試比較好。

○火焰茸──變得會出現在人類的居所附近！

雖然過去不會在人類居住的房子附近看到這種菇，但近年來也曾因在房屋附近看到而成為新聞題材，這種菇就是這麼特殊。這種菇有如其名，有著深橘色的火焰狀，或可說是類似把五指朝上立起來的樣子。雖然應該沒有人會吃外型這麼讓人不舒服的菇，但要是吃了可能會沒命，就算得救也可能會發生小腦萎縮。就算沒吃，似乎只要觸摸也會發炎，所以最好是敬而遠之。

梅雨時節就是黴菌活躍的時期。不只是廚房的水槽或浴室，就連食物上也會發霉。當中除了附著在起司或柴魚片上這種好的黴菌之外，也有身懷劇毒的黴菌，因此要多加注意。

○黃麴毒素──要小心花生醬！

這是一種因出現在花生醬中而知名的黃色黴菌，也會發生在其他豆類上。除了暫時性的毒，也有被說是植物中最強力的致癌作用。

○麥角鹼──劇痛＋幻覺、幻聽！

麥角菌是主要生長在黑麥中的黴菌。要是碰到會在皮膚上長出小疙瘩，產生猶如被炙燒過的鐵筷子燙到般的劇痛感。不僅如此，還會出現幻影跟幻聽的可怕症狀。也有學者認為，席捲中世紀歐洲的魔女審判，其中的犧牲者們搞不好就是這類食物中毒的受害者。

日本也有過中毒案例，那是在食物匱乏的第二次世界大戰末期，福島縣的竹葉上大量出現了這種菌，吃下去的孕婦有好幾人流產，據說是受害於竹葉上附著的麥角菌。

麥角菌的毒素是麥角酸，而在要化學合成這種毒素的時候偶然出現的另一產物，就是有名的迷幻藥LSD。

6-5

 ## 當心農藥殘留！

——讓毒性減弱的農藥跟採收後處理

　　現代農業一切都往合理化、機械化、化學化的方向改進。乍看之下，田園風光清幽秀麗，實則充盈著工業（或說化工）之韻。

　　肥料會使用化學肥料，而防止疾病的對策是殺菌劑、防止害蟲則有殺蟲劑，還有除草劑等農藥都會被毫不吝惜地灑下。肥料自然沒話說，但殺菌劑、殺蟲劑等難道不會附著在植物上，或者殘留在植物體內，就這樣進入消費者口中嗎？

　　官方說法是「沒有那回事」。現在的農藥只要清洗後就會完全清除，進入植物體內後經過一定時間也會被分解而變得無毒。因此，在接近收成之前不會使用，效果強的殺蟲劑對人體也有危險，所以這類殺蟲劑會特意改變分子結構，讓它的效果減弱。

　　即便說「沒問題」，大家心裡多少還是會殘留一絲疑慮。無農藥蔬菜之所以昂貴還那麼受歡迎，應該就是因為這樣吧！

　　以前的田裡有很多蝗蟲或蚱蜢，只要靠近田一打稻子，就會有許多蝗蟲一起飛出來。但現在的田相當寂靜，這都多

虧了殺蟲劑。但是，泥鰍跟青蛙也因此消失，而以牠們為食的朱鷺或東方白鸛也面臨絕種的危機。

如之前已經說過的，20世紀中因為發現有機氯化合物DDT（參照第5章第2節）的殺蟲效果，BHC等新的有機氯化合物也被合成出來（參照第5章第2節）。但是有機氯化合物對人體也有害，而且還會一直殘留在環境中，已知會發生生物濃縮作用。

下表是調查PCB跟DDT濃度在海洋表層水及水生生物中會如何變化的數據。表層水跟最終濃縮體的條紋海豚相比，PCB是1300萬倍，DDT達到3700萬倍，可以知道以非常嚇人的濃縮率發生了生物濃縮。因此現在已不再使用有機氯化物型的殺蟲劑了。

圖 6-6 ● **海洋表層水跟水生生物體內的 PCB、DDT 濃度**

	濃度（ppb）	
	PCB	DDT
表層水	0.00028	0.00014
動物浮游生物 濃縮率（倍）	1.8 6,400	1.7 12,000
燈籠魚 濃縮率（倍）	48 170,000	43 310,000
北魷 濃縮率（倍）	68 240,000	22 160,000
條紋海豚 濃縮率（倍）	3,700 13,000,000	5,200 37,000,000

出自立川涼〈水質汙濁研究〉11、12（1988）

取而代之的是**有機磷殺蟲劑**，這是**可以阻礙昆蟲神經傳導的殺蟲劑**。最初是以這樣的目的開發的，但甲胺磷或二氯

松曾因混入中國製餃子而引發大問題。

　　但是這些的殺蟲效果（毒性）太強了，所以改良並減弱毒性，現在使用的是撲克靈（撲滅松）、馬拉硫磷（馬拉松）等農藥。化學武器的沙林毒氣或梭曼也是將這些化合物的毒性更加強化後的化學物質。

　　最近的殺蟲劑有一種被稱為類尼古丁，這是因為分子結構跟香菸中的尼古丁成分相似，所以才如此被命名，以益達胺（吡蟲啉）、啶蟲脒、特達南（呋蟲胺）等商品名在市面上販售。這也是神經毒，但會優先作用在昆蟲身上，一般認為對人類沒有作用。

　　最近發生問題是因為全世界的蜜蜂正在減少。有說法認為類尼古丁殺蟲劑使得蜜蜂的歸巢本能發生混亂。雖然蜜蜂減少是事實，但原因尚不明確，正確原因還待查明。

　　農業上使用的殺菌劑有許多種類，以毒性強而著名的是土壤殺菌劑三氯硝基甲烷（氯化苦）。氯化苦在第二次世界大戰中跟碳醯氯（光成氣）一樣都被用來當毒瓦斯使用，有某種強度的毒性。因造成意外死亡跟被用於自殺的情況很多而為人所知。

　　歷史上有名的除草劑是 2,4-D，越戰時美軍為了讓越南的叢林枯黃而執行「落葉作戰」，並大量將 2,4-D 灑在越南的叢林裡。當地因此生出很多殘疾兒童，據說是因為 2,4-D 中含有戴奧辛的雜質。以這個事件為契機，戴奧辛的毒性也受到世人矚目。

毒性強的除草劑中有名的是巴拉刈，1985年在一年內有1021人身亡的紀錄，多半是誤食或自殺，但同年發生有人把混入巴拉刈的果汁放在自動販賣機裡的巴拉刈連續殺人事件，共發生了12起有12人死亡，犯人至今依舊不明。

食品之窗

只是名字不叫做「採收後農藥」而已？

農藥中有所謂的採收後農藥（Post-Harvest Treatment），這是將收成後的作物貯藏在倉庫時會對作物施用的農藥，有防黴劑及殺菌劑等。

這在日本以外的國家是被允許的，所以進口的穀物、作物上可能會有這類藥劑。毒性檢查、分解檢查的結果也沒有問題，但是有時收成跟食用的時間相近，也可能會讓消費者感到介意。

日本雖然禁止採收後使用農藥，但這裡其實存在著陷阱。

日本的分類，是把用於生長作物上的化學藥劑稱為農藥，收成後的作物使用的化學藥劑就不分類成農藥，而是會分類為食品添加物，所以可以用在採收後作物上的防黴劑、殺菌劑，是「被認可的食品添加物」。

也就是說，**不是「禁止採收後農藥」而是「不用這個說法稱呼」**而已。

豐富的餐桌

　　所謂的餐桌，不只是為了將食物陳列出來方便吃而已。餐桌還扮演著如何讓擺出來的食物看起來美觀、看起來更加美味的重要角色。

　　文藝復興的畫常出現在餐桌上，各式色彩的水果等盛裝在雕刻過的銀餐具中，可説是讓餐桌變得豪華的最棒裝飾。而在時髦的蕾絲桌巾上還會添上鮮花。

　　裝飾餐桌這方面，日本也有一樣的文化，古代日本是會在正式用餐時使用膳台，膳台是每一個人各自獨立，盛裝主菜的稱為一之膳（本膳），盛裝副菜的則有二之膳、三之膳等，如果是更加豪華的一餐，可能還會有余（四）之膳、五之膳等更多道餐點。

　　膳台會使用漆和金彩來美麗地裝飾，其上放著精心製作的漆器、陶瓷器，光是欣賞也能讓人開心。

　　但是在日本沒有像沙拉那樣將生菜、水果獨立出來單獨一盤的料理，多數場合會是搭配主菜，盛裝在主菜的容器中。

　　最近在和室裡坐著進食的機會變少了，雖然一般人去吃使用膳台、日本自古以來的會席料理的機會也變少了，但希望能保留下美麗的傳統。

第 7 章

從「五種味道」
與「發酵」
認識調味料

7-1

調味料是「襯托味道的角色」

——來找找日本、亞洲、歐洲的調味料吧

不使用調味料的料理，可能稱不上是「料理」也說不定。就算生魚片只是把生魚切塊，其實也還是會搭上醬油（調味料），才變成「生魚片」這道料理。只是單純切塊切碎的蔬菜也是，加上佐醬這種調味料後才變成「沙拉」。

調味料的基本是「鹹味、甜味、酸味、辣味、鮮味」。其他還有各種香草的「香氣」也能發揮效果，除了這些基本調味料以外，也有混合基本味道，再加上特殊味道或香氣的調味料。讓我們來看看世界各地的調味料吧！

日本有很多種類的調味料，而**日本調味料的特徵是很多都是發酵食品**。

○味噌：將大豆煮過後加上麴、鹽進行發酵的就是味噌。麴的由來有豆、米、麥等，並依種類可稱為米味噌（米麴）、麥味噌（麥麴）、豆味噌（豆麴）。另外，依據發酵時間長短也有白味噌（短期發酵）、紅味噌（長期發酵）等。

○醬油：將大豆跟小麥的混合物煮過後，混入麥麴進行發酵，並過濾的液體。

○魚露：把醬油中的大豆換成沙丁魚、日本叉牙魚等生的小魚後製作出的就是「魚露」。如**秋田的鹽魚汁、能登半島的ishiru等魚露都很有名**。相對於魚露（魚醬），有時會稱平時的醬油為「**穀醬**」。

○醋：穀物經過酵母發酵出酒精後，再以醋酸菌進行醋酸發酵，並將乙醇轉變成醋酸，然後加以過濾的液體。

○味醂：蒸過的糯米加上米麴跟燒酒使之發酵，並過濾後的液體。糯米糖化後會變成葡萄糖，因為燒酒的酒精會阻止酒精發酵，因此葡萄糖可以殘留下來，使味道變甜。酒精量跟日本酒同等程度，江戶時代味醂是被當成飲料的。

図7-1 ● 味醂是「糯米＋米麴＋燒酒」

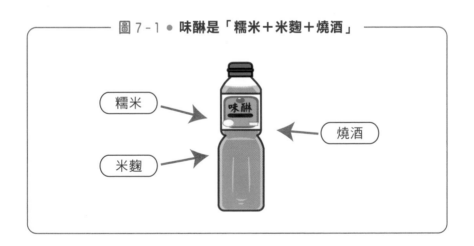

亞洲的調味料跟日本的調味料相同，特徵是經過發酵的產品很多。因為也使用辣椒，所以似乎也很多辣的調味料。

○醬：相當於日本的味噌。有原料使用豆類的穀醬，也

有使用肉的肉醬。中國的豆瓣醬、甜麵醬、朝鮮半島的苦椒醬（韓式辣醬）、大醬等都很有名。

○**魚露**：基本上跟日本的魚露一樣。有中國魚露、韓國魚露、越南魚露、泰國魚露等。

○**牛肉粉**：將以牛肉為底的法式清湯濃縮做成粉末後的產品，使用方法類似韓國版味精。

○**五香粉**：中國代表性的混合香料，將肉桂、丁香、花椒、茴香、八角等粉末混合而成。

○**葛拉姆馬薩拉**（Garam masala）：印度的香料，肉桂、丁香、肉豆蔻等粉末混合成的調味料。

歐洲很常用奶油或鮮奶油來調味，調味料的種類似乎沒那麼多。有別於亞洲，發酵類的醬料也不多。

○**葡萄酒醋**：葡萄酒製成的醋。

○**義大利香醋**：將上面的酒醋經過長時間熟成後的就是義大利香醋。

○**伍斯特醬**：以醃漬在麥芽醋中並發酵的洋蔥為底，加上鯷魚、各種香料後的產物。

○**番茄醬**：成熟的番茄煮成番茄醬汁後加上砂糖、鹽、醋、各種香料。

○**芥末醬**（Mustard）：芥菜種子的粉末，加上水及醋、糖類、小麥粉等並精鍊而成的東西。

○**美乃滋**：食用油、蛋、醋混合成的乳液狀的調味料。美乃滋被認為是發源自西班牙。

奶油、起司，還有葡萄酒、橄欖油等，很難斷定是否可以算是調味料，但在歐洲料理中，這些的確也是不可或缺的，對料理的味道也有很大影響。

至於其他，世界各地還有以下這些調味料。

○**哈里薩辣醬**：以紅辣椒為底，加上大蒜、橄欖油等各種香料，在非洲各國使用。

○**TABASCO**：磨碎的辣椒加上岩鹽、穀物醋，放在橡木桶裡發酵，約3年熟成後加上醋就完成了，是美國發明的產物。

○**Tajín**：墨西哥的調味料。辣椒粉末跟乾燥後的萊姆汁、再加上鹹味的季節性香料混合而成。

食 品 之 窗

「PON 醋」是日文嗎？

日本有個商品名為PON醋（ポン酢）的常見調味料。「PON＋醋」這名字很怪，但那似乎是來自荷蘭文的「pons」，pons是將蒸餾酒混入柑橘類榨出的汁及砂糖、香料的雞尾酒。到了江戶時代，橙汁本身也開始被稱為「pons」，後來把橙汁加進醬油後就變成了pons醬油，又再後來把「醬油」的文字拿掉，只稱為「pons」或「pon醋」了。

 調味料也有營養價值

—— 來比比味噌、醬油、醋等的熱量

　　只要少許調味料就能左右料理的味道，不是需要大量攝取的食物。雖然調味料的營養價值不會成為大問題，但還是整理在下表。

圖 7-2 ● 調味料的營養價值（熱量）

每100g

	熱量	水分	蛋白質	全脂質	飽和脂肪酸	膽固醇	碳水化合物	食物纖維	食鹽相當量
	kcal	g	g	g	g	mg	g	g	g
醬油（濃）	71	67.1	7.7	0	0	（0）	7.9	（Tr）	14.5
醬油（淡）	60	69.7	5.7	0	—	（0）	5.8	（Tr）	16.0
味噌（甜）	217	42.6	9.7	3.0	0.49	（0）	37.9	5.6	6.1
米醋	46	87.9	0.2	0	—	（0）	7.4	0.1	0
伍斯達醬	119	61.3	1.0	0.1	0.01	—	27.1	0.5	8.5
鹽	0	0.1	0	0	—	（0）	0	（0）	99.5
番茄醬	121	66.0	1.6	0.2	0.01	0	27.6	1.7	13.1
美乃滋	706	16.6	1.4	76.0	6.07	55	3.6	（0）	1.9
上白糖（車糖）	384	0.7	（0）	（0）	—	（0）	99.3	（0）	0

出自日本食品標準成分表（7版）　　　　　Tr＝微量，（0）＝根據文獻等推測不含此成分

比較醬油跟味噌的話，可以發現味噌的熱量、碳水化合物、膳食纖維都比較多，這是因為味噌直接保留了大豆成分的關係，**大豆中的纖維素、細胞膜都直接留在了味噌裡**。相對地，醬油就類似味噌過濾後的液體部分。食鹽量醬油是味噌的兩倍，但應該是因為樣品是甜味噌的關係，鹹味噌的話跟醬油是同等程度（參照第7章第3節的專欄）。

醋的熱量意外低，蛋白質跟碳水化合物都很少，似乎可說是只有酸味的調味料。

熱量高得嚇人的是美乃滋（706大卡）。美乃滋的原料是食用油、蛋跟高熱量食品，所以這也是當然的。脂質、膽固醇在調味料中也是毫無疑問的第一，這也是因為油跟蛋的關係，但相對地蛋白質就比較少。

聽過搞笑藝人初出茅廬、還不紅的時候，將美乃滋淋在飯上吃的事情，這種食物在營養方面或許還挺充足也說不定，如果再加上納豆一類的就更完美了。

食鹽跟砂糖在食物中是例外的純粹物質，除了這兩種以外的純粹物質大概就是水跟味精了吧？所以食鹽中也只有食鹽，砂糖中只有碳水化合物。

無機物的鹽沒辦法被代謝，所以熱量也是0。相對地，碳水化合物上白糖有384大卡，但這是因為忠實反映出1g的碳水化合物代謝後產生的能量是4大卡。

餐桌上的鹽不是 Nacl！

——以前跟現在的製造方法讓味道改變了嗎？

　　鹽（氯化鈉）不只是調味中的基本，也是所有生物不可或缺的東西。鹽會調節細胞的滲透壓，在動物的神經細胞資訊傳達中，扮演重要的角色。但是攝取過多的鹽會讓血管中的滲透壓變高，為了取得平衡，血管外的水會進入血管，結果是讓血液量增加，血管也變得太滿而使得血壓上升。

　　如何取得鹽分，對人類來說是一大問題，有生產岩鹽的國家只要挖鹽就好了，但日本沒有辦法。

　　相對地，日本四面八方都環海，海水中含有約3％的鹽分。可能有人會天真地認為，只要引入海水並蒸發就能得到鹽了。原理來說確實是這樣沒錯，實際上如果照著做就會出現許多問題。

　　日本的製鹽法有分成「**採鹵**」跟「**蒸煮**」兩種。採鹵是把海水自然乾燥後變成濃縮鹽水，也就是製作鹵水的階段，蒸煮則是把鹵水加熱濃縮製成鹽的階段。

　　雖然一開始就把海水煮沸乾燥會比較快，但這樣燃料費會很驚人，採鹵也就是為了節省燃料而利用太陽的熱能，就跟今日利用太陽能電池有異曲同工之妙。

古代日本的製鹽法在《萬葉集》中也有吟唱。

　～等待伊人　猶如松帆之浦晚風止歇之時

　　　所燒製的藻鹽一般　令我煎熬～

這個「燒製藻鹽」就是指製鹽的過程。也就是說把海藻浸入海水中再曬乾，讓海藻上結出鹽分，之後把海藻放入容器中，用海水把鹽分洗掉後（採鹵），再用淨水加熱來濃縮（蒸煮）。

或者是把沙灘灑上海水並使之乾燥，重覆無數次後鹽就會從表面的沙中濃縮結晶。蒐集這些沙並裝到容器裡，用海水洗過製成高鹽分的鹽水（採鹵）後，再將之濃縮凝結出鹽（蒸煮）。大量生產的話這個方法似乎比較適合。

但是對忙碌的現代人來說，要是這樣悠哉製鹽，就連相撲比賽時灑的鹽也不夠。於是1972年出現的方法是將採鹵改成「**離子交換膜**」，而蒸煮則是「**真空蒸發器**」，也就是雙重科學製程。

離子交換膜就是讓特定離子通過的高分子（塑膠）膜。如下一頁的圖示，讓海水進入附了電極的容器後，好幾張的陽離子交換膜會跟陰離子交換膜交互平行擺放。電極通上直流電後 Na^+ 會跑到陰極側，而 Cl^- 會跑到正極側。

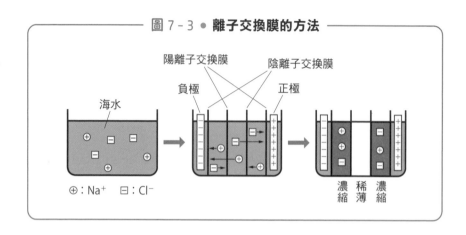

圖 7 – 3 ● **離子交換膜的方法**

陽離子交換膜　　　陰離子交換膜

負極　　　　　　正極

海水

⊕：Na⁺　⊟：Cl⁻

濃縮　稀薄　濃縮

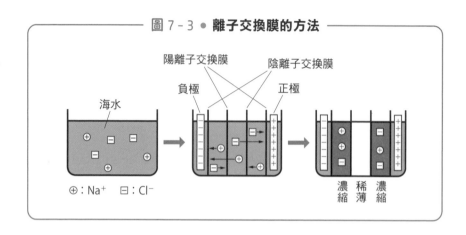

Na^+可以通過陽離子交換膜，但無法通過陰離子交換膜。相反地，Cl^-可以通過陰離子交換膜，但無法通過陽離子交換膜。結果是離子交換膜間，有的會鹽分濃度很高（20％），有的很低。

像這樣得到鹽分濃度高的鹵水後，把它放入下一個真空蒸發器中，放入鹵水並加熱蒸發，裝置內會充滿水蒸氣，之後把裝置密閉起來，冷卻裝入了水蒸氣的部分，如此一來，水蒸氣凝結後體積減少，裝置內變成減壓狀態（0.07氣壓）蒸發也會加速。

透過這種方法，產鹽量就會飛躍性地提升。但問題是鹽的味道，「鹽」不只是單純的「鹹」而已。「鹽」雖然說是氯化鈉（$NaCl$），但並不是純粹的化學藥品，而是名為「食鹽」的食品。

也就是說還有「鹹以外的味道」。根據個人體質，現代的鹽變得比較不好吃了，而醃漬物也變得死鹹、味噌跟醬油的味道也變得平板。

那麼離子交換法的鹽，純度會有所變化嗎？圖表中是鹽事業所販賣的鹽中，氯化鈉跟不純物的平均濃度的年次變化，製鹽法改變後，1972年前後的氯化鈉濃度沒有變化，日本鹽從以前就是高濃度高品質的鹽。

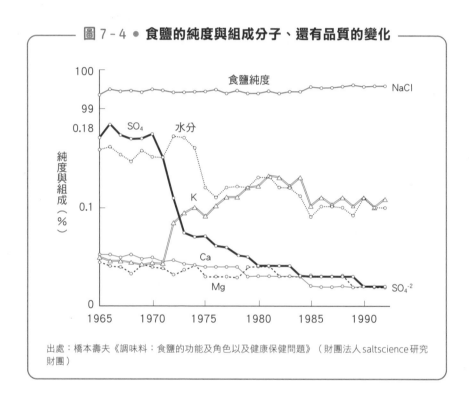

圖 7-4 ● **食鹽的純度與組成分子、還有品質的變化**

出處：橋本壽夫《調味料：食鹽的功能及角色以及健康保健問題》（財團法人saltscience研究財團）

然而，有些物質發生了極大的變化，那就是**鉀離子（K$^+$）倍增，硫酸離子（SO$_4$$^{2-}$）激減**。味道不同或許是這方面受了影響也說不定。

附帶一提，日本鹽事業中心所販賣的鹽的純度，從高往下排是精製特級鹽（99.7％以上）、特級鹽（99.5％以上）、食鹽（99％以上）、普通鹽（95％以上）。

健康跟鹹度

　　為了健康而顧慮要減鹽的人應該很多吧。什麼食品會含有多少的鹽呢？我們將一些以鹹著稱的食品整理成下面的表。

━━ 每 100g 的鹽分量 ━━

1	梅乾	22.1		9	鹽辛烏賊	6.9
2	鹽辛糠蝦	19.8		10	佃煮海苔	5.8
3	醬油（淡）	16.0		11	豬排醬	5.6
4	醬油（濃）	14.5		12	生火腿	5.6
5	米味噌（紅）	13.0		13	明太子	5.6
6	米味噌（白）	12.4		14	筋子	4.6
7	豆味噌	10.9		15	鱈魚卵	4.6
8	麥味噌	10.7				g/100g

　　梅乾不僅酸，鹹度也是第一名。淡醬油的用途是為了不讓料理看起來顏色變深，要以少量達到鹹度，所以鹽分濃度偏高。米味噌比豆味噌跟麥味噌的鹽分濃度都高。

　　鹽辛烏賊的鹽分濃度比想像中低，但鹽辛糠蝦跟印象中一樣鹽分量很高，生火腿的鹽分比筋子、鱈魚卵高，可能會讓人覺得意外也說不定。魚卵製品中以明太子為最高。

7-4

人工甜味劑只是「偶然」的產物？

——天然甜味劑與人工甜味劑

味覺的「**甜味、鹹味、酸味、苦味、鮮味」五種**中，人類最喜歡的應該是甜味吧。

平安時代清少納言的《枕草子》中，也將「加了甘蔦（amazura）的冰」當成美味的食物，amazura就是名為「甘蔦（甘葛）」的植物所煎煮的甜汁，總之，就是現代的刨冰吧。

像amazura一樣帶甜味的食物在自然界中有很多，對現代人來說，甜味劑的代表應該是砂糖（學名為蔗糖）吧。

雖說都叫砂糖，但看下一頁的分類也能明白，實際上，砂糖有很多種類。砂糖的原料有甘蔗或糖用甜菜，日本除了少數例外，應該都是甘蔗。

將**甘蔗**的汁濃縮後會有砂糖結晶跟無法成為結晶的黏稠的蜜。將這個混合物用離心機分離後，取出結晶部分的產物就是**分蜜糖**，將之精製後就是所謂的普通砂糖，而根據純度可分成粗糖、車糖、液糖。

將粗糖打碎後就是細砂糖，日本家庭一般使用的上白糖

就是細砂糖加入轉化糖漿。將砂糖加熱，加入焦化的焦糖後，就成為三溫糖。

　　另一方面，沒有分離蜜的狀態下就進行精製的是含蜜糖，像是花林糖使用的黑砂糖跟高級和式點心不可或缺的和三盆就是這個種類。

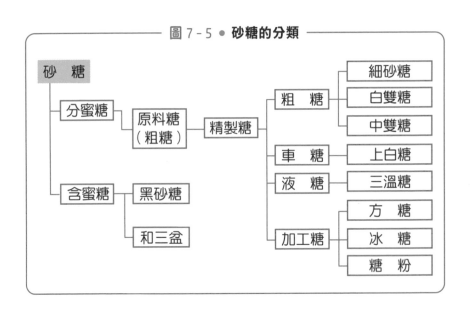

圖 7-5 ● 砂糖的分類

　　但是自然界中的甜味成分不只有砂糖，前面看到的葡萄糖、果糖、蘋果蜜的山梨糖醇也是天然甜味劑（參照第6章第2節）。我們來看看代表性的幾種吧，括弧內的數字是以砂糖甜味為1當成基準的相對甜度。

　　○**葡萄糖**（砂糖的0.6～0.7倍，以下皆同）：砂糖跟乳糖的原料，澱粉跟纖維素的最小單位。

　　○**果糖**（1.2～1.5）：砂糖的原料，變涼後甜味就會變強，感覺冷藏後的水果會比較甜也是這樣的緣故。

○**海藻糖**（0.45）：以前從酵素中可以獲取，現在是從澱粉合成，所以可以大量合成出來。保水力高，所以也會用在化妝品等。

○**木糖醇**（跟砂糖同程度）：從樺木採集得來，熱量為砂糖的60％左右，不會造成蛀牙而為人所知。

○**山梨糖醇**（0.6）：如第6章第2節所見，是**蘋果蜜的成分**。砂糖的75％熱量，有保水性，溶於水時會吸熱，所以會產生清涼感。

○**甜菊苷**（300）：天然甜味劑中最甜的東西。由南美洲的多年生草本植物甜葉菊採集而來，目前持續針對其藥用效果進行研究。

自動販賣機陳列了很多種飲料，幾乎所有的飲料都是甜的，但成分寫著「砂糖」的並不多。那這些飲料的甜味是從哪裡來的呢？實際上大部分都是**人工甜味劑**。

人工甜味劑跟天然甜味劑八竿子打不著關係，即使是科學家看了這些人工甜味劑的分子構造，也不知道為何會是甜的。所以就算想製作出新的人工甜味劑，也沒辦法刻意製造。大概都是「偶然製造的化學物質舔了之後發現是甜的……」當然這樣會有安全問題，所以也有禁止使用的物質。

○**糖精**（350）：1878年美國合成出的世界上第一個合成甘味劑。第一次世界大戰時因為甜的東西不足而銷量爆增，一下子變得有名。但被指出有致癌性，所

以1977年後就禁止使用了。但是1991年為糖精洗刷了冤屈，所以又可以使用了。**跟砂糖相比，熱量小得幾乎可以無視，所以糖尿病患者也會使用**。

○甘素（250）：1937年發明的，因有毒性，所以1969年禁止使用。

○甜蜜素（30～50）：被指出有危險性，但是每個國家的反應不同。日本是全面禁止，歐盟（EU）、加拿大、中美洲各國可以使用。因為有些進口食品會使用，在日本可能會引發問題。

○阿斯巴甜（200）：現在加在飲料中的甜味劑很多都是阿斯巴甜。它會跟**必需胺基酸的天門冬胺酸和苯丙胺酸結合，也就是接近蛋白質的結構**。沒人想過這樣的東西會有甜味，所以是懷著驚訝的心情接受這種物質的。苯丙胺酸對先天性苯丙酮尿症患者來說是毒，所以必須小心。

○乙醯磺胺酸鉀（200）：跟阿斯巴甜一起用會有類似砂糖的味道，所以經常一起使用。

○蔗糖（600）：跟砂糖的化學名（Sucrose）很像。而分子結構也正如其名跟砂糖很像。蔗糖有8個氫氧根，這是把其中3個置換為氯原子的有機氯化合物。有機氯化合物過去用在殺蟲劑DDT、BHC中，現在也跟PCB、戴奧辛等一樣被視為公害物質，所以安全性還有疑慮。

○Lugduname（30萬倍）：已知最甜的化學物質，還

沒有受到認可所以無法嘗試。

食 品 之 窗

皇帝尼祿或貝多芬是鉛中毒？

日文中的「土糖」指的是什麼呢？雖然很少提到這個東西，但它指的是醋酸鉛。醋酸是醋的成分，但跟鉛反應後會變成甜的醋酸鉛。

羅馬時代的葡萄酒似乎是有點醋味的，酸的原因是葡萄酒中含有的酒石酸，用鉛製的鍋加熱葡萄酒後，酒石酸會跟鉛反應而變成甜的酒石酸鉛。據說皇帝尼祿尤其喜歡這種熱葡萄酒。但是鉛有強烈的神經毒性，甚至有說法是尼祿變成暴君，可能跟鉛中毒有關也說不定。

近代歐洲有把葡萄酒灑上碳酸鉛的白粉（以前化妝品用的白粉）並拿來喝的習慣，這是因為變成酒石酸鉛後就會變甜的關係。聽說貝多芬好像就喜歡這樣的葡萄酒，所以貝多芬後來聾了，或許也是鉛中毒害的也說不定。

7-5

發現了「第六種味道」！

──「甜味、鹹味、酸味、苦味、鮮味」的真面目是？

　　在味覺研究主要還由歐美主導的時候，味覺只有「鹹味、甜味、酸味、苦味」四種而已，之後才又加上日本人感受到的鮮味，這件事足以證明日本人的味覺相當敏銳。

　　被視為鮮味來源的化學物質有好幾種，最有名的是昆布中發現，以味精為商品名販售的麩胺酸吧。麩胺酸是製造蛋白質的胺基酸的一種，成熟的番茄也有很多的麩胺酸而為人所知。

　　香菇的鮮味鳥苷酸跟柴魚的鮮味的肌苷酸，都是核酸的成分，把DNA等分解後產生的東西。另外，貝的鮮味為琥珀酸，跟日本酒的鮮味是同樣的。較辛辣的日本酒據說含有較多的琥珀酸。

　　鹼基沒有味道，但酸有特定的味道，就是酸味，酸味可以被視為是氫離子的味道吧！

　　被當成食品的酸味成分有兩種，醋的酸味跟梅乾或檸檬的果實酸味，不同處也很明顯。

　　醋的酸味是由醋酸（CH_3COOH）而來，而果實的酸味則是來自檸檬酸。醋酸有固定的氣味，醋的味道就是醋酸的

味道。而相對地檸檬酸沒有氣味，檸檬等香味是檸檬酸以外的成分產生的香氣。

醋酸跟檸檬酸都有殺菌、抗菌作用，所以應用在料理上或許很方便也說不定。

苦味本來是令人不快的味道。跟甜味或鮮味不同，因此苦味被視為是**對有毒物質的警戒訊號**。有苦味的苦味物質很多，但咖啡、啤酒、苦瓜的苦味都各有不同，所以似乎沒有各種食品共通的苦味成分。

有所謂的味盲體質的人，他們也不是完全吃不出味道，是沒有辦法感覺到苯硫脲（PTC）的苦味。這是遺傳的，而且已知是隱性遺傳，味盲的出現頻率有人種跟地區差別，白人較多為25％～30％，黃種人跟黑人較少，日本人大約是8％～12％。

食物有很多種類，但辣並不算是五味。

那是因為**辣不是味覺**。辣不是味道而是痛覺，也就是觸覺的一種。這樣的想法是否正確先不管，辣的程度似乎可以用數值來表示，那是因為人們發現辣味的程度可以根據辣椒素這種化學物質來區分。如此一來，辣的程度就由辣椒素的濃度來定義，這樣定出的指標就是**史高維爾指標（SHU）**。

也就是定義為辣椒素濃度1ppm＝5SHU。

各種辣的物質都可以用史高維爾指標來表示。日本產的辣椒為10萬SHU左右，世界上最辣的辣椒為300萬SHU。

圖 7-6 ● 主要的超辣辣椒的辣度排行

名稱	主要產地	史高維爾指標
1　X 辣椒	美國	318 萬
2　龍之氣息辣椒	英國	240 萬
3　卡羅萊納死神	美國	220 萬
4　魔鬼椒	印度	220 萬
5　多塞特納加（Dorset Naga）	印度	160 萬
6　千里達莫魯加毒蠍椒	美國	150 萬
7　千里達毒蠍布奇 T 辣椒	美國	146 萬
8　娜迦毒蛇辣椒	英國	138 萬
9　永恆辣椒	英國	106 萬
10　SB-Capmax	日本	65 萬

以〈有一天能派上用場的豆知識　2018年最新　世界最辣的辣椒排行20選〉為基礎，用史高維爾指標排行

　　但是「辣」這種感覺，實際上有各種類型。日本人會覺得「辣」的芥末，其他國家的人似乎除了「辣」，還有其他感覺，這樣說起來，芥末那種可以通鼻子的辣，跟辣椒讓舌頭產生的辣確實是不同感覺。

　　歐美採用的四種味道「鹹味、甜味、酸味、苦味」中，不知是否因為加上了第五個「鮮味」，最近好像還要加上第六種基本味道。這個味道的候補選手，目前有以下三種。

　　○鈣味：**鈣味被說是牛奶的味道**。老鼠對鈣的味覺是獨立味覺，不會被其他味道影響的樣子。

○**油脂味**：據說人類可以識別出含有脂肪跟不含脂肪的飲料，但油脂是單獨的味道嗎？或者是脂肪常夾帶的不純物質的味道呢？要分辨這點聽說還有困難。

○**層次感**：許多食材混合在一起產生的複雜味道，也就是有「層次感」的鮮味。但是有化學物質可以單獨表現出「層次感」，這很令人驚訝。那是一種三個麩胺基硫結合起來的物質，麩胺基硫本身沒有味道，但據說可能是可以從某個基本味延伸出其他基本味，或是可以影響味覺持續的時間。或許以後就能聽到「一湯匙的層次感之素」這樣的廣告詞了。

食品之窗

芥末的香氣

芥末香可說是日本料理代表性的香味。芥末香是異硫氰酸酯這種分子的香氣，而在芥末中並沒有這種分子。芥末擁有的是名為烯丙基芥子油苷（sinigrin）的分子，而在削芥末的過程中，芥末裡的酵素會跟烯丙基芥子油苷一起被削下，酵素就會讓烯丙基芥子油苷變形而產生出異硫氰酸酯。

然而，異硫氰酸酯是相當容易揮發掉的分子，所以放置一段時間後馬上就會揮發，並失去芥末的香氣。家裡常看到的軟管狀芥末在開發時期，就是在這地方遇上了瓶

頸。

　　而解決這問題的就是葡萄糖。葡萄糖分子為六角形，將5、6個葡萄糖圍成圓形並連結後的分子，就稱為環糊精。這個分子的立體結構宛如六角風箏聯繫成一個桶狀的模樣。

　　一般來說，分子就像貓喜歡窩在鍋子裡一樣，喜歡被其他分子包圍，這就稱為**凡得瓦力**。因此芥末的香氣的異硫氰酸酯如果被完全被包圍在環糊精中，就會忘記要揮發掉。

　　被裝在軟管中的芥末，異硫氰酸酯就老實被圍在環糊精裡，在擠出軟管後溶於醬油中，會使環糊精溶化，而異硫氰酸酯也就跑出來，一口氣散發出香味。

 # 用科學角度看發酵調味料

——味噌、醬油、醋、味醂是怎麼製造的？

調味料有許多種類，其中多數為**發酵食品**。也就是像日本的味噌、醬油、醋、味醂等，還有亞洲的醬類、魚露類，或是美國的 TABASCO 等，都是利用發酵作用來製造的。歐洲的伍斯特醬也可以說是利用發酵。那就讓我們來看看幾種發酵調味料的製作方法吧。

味噌是煮過的大豆加上鹽跟麴來發酵製造的。製造味噌使用的麴有從米而來的米麴、麥子來的麥麴，還有大豆來的豆麴，各自稱為米味噌、麥味噌、豆味噌。

味噌有分為紅味噌跟白味噌，這不是因為原料不同，而是因為熟成時間的長短。使用的米麴多的話可以在短時間內就熟成，就是白味噌。相對地，如果使用麥麴或豆麴就會讓熟成時間變長，也就會變紅。這是因為糖跟蛋白質發生的複雜反應，也就是**梅納反應**。

一般傾向是白味噌會較甜，而紅味噌的味道較有層次。

可以把**醬油**當成是味噌再進一步發酵後的產物，製作味噌時，上部會浮著液體，普遍認為醬油的起源就是蒐集這些

浮液後的產物。醬油有幾種種類。

　　一般的是深色醬油，生產量約占醬油的8成，發源自江戶時代中期的關東地區。原料是大豆跟小麥，比例各占一半左右。

　　淡色醬油是顏色較淡、鹹味重的醬油，雖說是淡色，但鹽分並沒有比較少，反而比深色多了1成左右的鹽。這樣可以只用少少的量就足夠，料理就不會被醬油的顏色染色，而能保有食材的色彩，京都料理等會使用。

　　再發酵醬油又稱為甘露醬油，風味跟顏色都很濃厚。這種醬油在混合發酵材料時會用醬油來代替鹽水，所以稱為再發酵。原料的大豆較少，以小麥為主。

　　醋中含有3～4%左右的醋酸，醋的製造方法基本上是穀物經過酒精發酵製造出乙醇，再由醋酸菌來製造出醋酸。

　　醋有許多種類，日本使用的是用米製造的米醋，還有其他穀物製造的穀物醋。米醋也含有檸檬酸。歐洲是由葡萄酒來製造酒醋，或是繼續熟成數年形成義大利香醋。

　　味醂是在日本料理中添加甜味的調味料，也是一種酒。它是帶有甜味的黃色液體，含有40～50%的糖分，以及14%左右的酒精成分。

　　味醂是將蒸過的糯米混入米麴，加上燒酒後，經過60天左右的發酵並過濾。這段期間麴菌會讓糯米的澱粉糖化，產生甜味。但是一開始就會加入酒精，所以酵母菌不會讓糖

進行酒精發酵，因此味醂會比日本酒還甜。味醂也會當成白酒或屠蘇酒的材料來利用。

食 品 之 窗

甘酒跟白酒是一樣的東西？

在日本雛祭（女兒節）時喝的白色飲品為「白酒」，夏天時在蘆葦帳環繞下喝的白色飲品則為「甘酒」。雖然很像，但兩者是一樣的東西嗎？

甘酒跟白酒完全不一樣，甘酒是飯或粥經由米麴運作後將澱粉糖化，所以幾乎不含酒精的甜飲品。

而白酒則是味醂或燒酒中加入蒸過的糯米或米麴進行酒精發酵的產物，所以有9％左右的酒精，在酒稅法中被分類為利口酒。

喝了甘酒後開車也沒問題，但喝了白酒後不能開車。

食品之窗

酒器

　　講到「發酵」，接下來就是「酒」了。酒是不可思議的食物，通常應該算是飲品，也是日本料理中必不可少的調味料。煮魚湯時，酒通常是不可或缺的，照燒醬中也會加入味醂。蝦子的酒蒸料理中，酒也發揮超出調味料的角色，畫家橫山大觀甚至將之當成主食。

　　談到酒就不得不聊聊酒器，喝女兒節的白酒時，會用高雅的三層漆器酒盞，但平常果然還是喜歡手握俐落的德利來大口大口喝吧！片口也相當不錯，是最適合一個人喝酒時使用的酒器。而在居酒屋喝酒時，果然還是從一升瓶倒入小酒杯最適合吧。喝下溢出到酒枡裡的酒，這是在居酒屋以外沒辦法享受的喝法吧！

　　在歐洲，玻璃杯是最常拿來盛裝酒的器皿。雖然也有先將葡萄酒倒進醒酒器中的做法，但不管是葡萄酒還是白蘭地，多是直接從瓶子注入杯中。

　　杯子的材質有玻璃或水晶玻璃，也有切割或蝕刻的造型。形狀有各式各樣，幾乎是依喝的酒的種類來決定。說是決定，是因為享受香氣的酒會用窄口的玻璃杯，要冰涼喝的酒會是長杯根（Stem），總之，可以窺見很有歐洲風格的合理性考量，這也相當有趣。

雪莉酒　葡萄酒　香檳　雞尾酒　白蘭地　高腳杯(Goblet)　On the rocks　高球杯

第 8 章

牛奶跟蛋是
完全營養品

乳汁的成分及特徵是？

——為何不是葡萄糖，而要加入麻煩的乳糖呢？

　　奶（乳汁）是哺乳類動物的母親為了養育自己的小孩而分泌出的體液，是為了讓無法自己從外界攝取營養的幼兒可以獲得成長所需的足夠營養，可說不只**含有充分營養，是連免疫抗體等也包含其中的「完全營養品」**。

　　所有哺乳類都會分泌該種類特有的乳汁，已知不同物種間的成分沒有很大的差別，但是濃度是有差的。

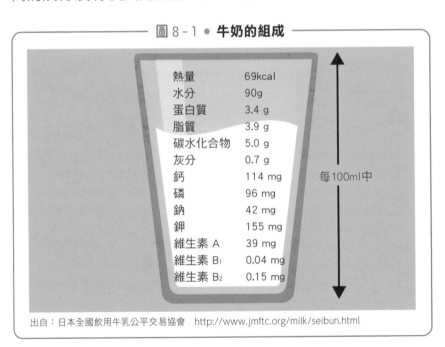

圖 8-1 ● 牛奶的組成

熱量	69kcal
水分	90g
蛋白質	3.4 g
脂質	3.9 g
碳水化合物	5.0 g
灰分	0.7 g
鈣	114 mg
磷	96 mg
鈉	42 mg
鉀	155 mg
維生素 A	39 mg
維生素 B_1	0.04 mg
維生素 B_2	0.15 mg

每100ml中

出自：日本全國飲用牛乳公平交易協會　http://www.jmftc.org/milk/seibun.html

上圖以牛奶為例標示出成分跟濃度。

當然占最多的是水分，約90％左右。剩下的固體部分分為乳脂肪跟無脂固形物。牛奶的乳脂肪是動物性脂肪，所以飽和脂肪酸比例高（比肉類還多），去除脂肪的低脂牛乳就是考量到健康層面製造的產物。

無脂固形物中有蛋白質、乳糖、維生素跟名為灰分的礦物質。**牛奶中的乳糖含量約為5％，但人奶或馬奶超過7%**。

乳糖是乳汁特有的糖，是由兩種的單醣、葡萄糖及半乳糖所形成的，乳糖是幼兒重要的能量來源，會在體內消化並水解成葡萄糖和半乳糖。

之後，葡萄糖會直接進入代謝系統並被分解成能量，而半乳糖則是在肝臟被轉換為葡萄糖後，才進入代謝系統。

那不要這麼麻煩，一開始就只要葡萄糖，也就是讓兩個葡萄糖結合變成麥芽糖，代替乳糖加在乳汁中不就好了⋯⋯可能會有人這麼想，但其實有不得不這麼做的理由。

那就是**細胞能接受的葡萄糖是有限度的，超過後會發生排斥反應而變成糖尿病**。

所以，最後的一招就是把葡萄糖換成半乳糖，偽裝起來偷偷混入。而這麼做的結果造成的麻煩問題，就留待之後再來看吧。

為何日本過去沒有液態乳呢？

── 森永牛奶砷中毒事件　1955

人們會將奶粉用水泡成規定的濃度後，代替母乳餵給小孩。

但是這個方法如果在受災地等無法取得水的地方就很困擾。從外國獲得的救援物資中就有奶粉的液體版，那就是「**液態乳**」。使用過後的人據說都稱讚「很方便」。

但日本直到這幾年前都沒有出現液態乳，這是為什麼呢？

是因為「沒有固定規格就無法生產」。日本決定幼兒用乳製品規格的是厚生勞動省令，而它定義的幼兒用「調製乳粉」定義是「將生乳或牛乳等作為主要原料，並加上嬰幼兒必要的營養而**製成粉末狀**」。

所以一開始就只有想到奶粉這種東西，而沒有定義出液態乳，因此無法生產（不生產）液態乳，可以看出處於相當曖昧的狀態。

因為種種天災的發生，使得液態乳的需求變高，所以2018年省令進行修正，2019年才終於可以在日本超市架上看到液態乳。

圖 8-2 ● 馬上就能喝的方便液態乳

　　那麼，雖然因為是不吉利的事件，可以的話也很想儘量避開不提，但相關人士現在應該也還很痛苦，而且引發事件的公司至今也還會將這件事告訴新職員來避免忘記，因此我們也來介紹一下吧。

　　這是1955年主要在西日本發生的事件，健康的嬰兒喝下奶粉後發生噁心、嘔吐、拉肚子、激烈腹痛、還有休克死亡的孩子。

　　岡山大學對此感到疑惑而進行調查，發現患者有12344人，其中死亡者約有130人，進一步調查發現原因是**砷中毒**。原因是森永牛乳製造的奶粉，奶粉中混入了劇毒的砷。

　　受害者對森永提出訴訟，但是公司方主張混入砷的原因是奶粉加的「安定劑」，也就是說，森永主張原因是安定劑中混入了砷的雜質，森永方沒有責任。這個主張讓森永在一審勝訴。

然而，出現了意想不到的證言，讓事情急轉直下。

當時的國鐵（日本國有鐵道，現在的 JR），跟森永從同一個公司購買安定劑，也就是完全使用同樣的安定劑當作清潔用品，而國鐵提出證言，當時在檢查採購安定劑時，發現含有太多砷而退貨了。

國鐵作為清潔用品來使用都覺得「危險」而拒絕購買的材料，森永卻毫不在意用在給嬰幼兒的奶粉上，沒有經過仔細檢驗，就這樣直接使用究竟是怎麼回事——而審判的趨勢也就大大改變了。

審理過程因為混有刑事、民事法庭，最後甚至遞交最高法院，情況複雜至極，但最終是原告方獲得勝訴。只是因為審理拖了很久，原告方的立場也造成分裂，留下了無法修復的傷痕。

過去液態乳遲遲沒能合法製造，可能是受到這樣的事件餘韻波及也說不定。

 # 膠體溶液是什麼？

——牛奶是非常特殊的溶液

「牛奶是以脂質與蛋白質為主的各種營養成分溶合的水溶液。」這樣應該可以理解吧？但脂肪不是應該不溶於水嗎，為什麼牛奶中會溶有脂肪呢？

如我們之前所看的（參照第1章第2節），溶液是透明的，溶質會以1分子為單位四散，周圍被溶劑分子所包圍而溶劑化。但是牛奶不是透明的，這樣也可以稱為溶液嗎？

實際上，牛奶中的脂肪跟蛋白質沒有「以1分子為單位散布」，也沒有溶劑化。

脂肪是集結幾萬個脂肪分子並形成脂肪球的塊狀。這個球的直徑為0.1～20 μm（微米，1 μm=1/1000mm），每1ml牛奶中含有150億個脂肪球。蛋白質也是類似狀況。

像這樣有大粒子漂浮的液體是特殊液體，特別稱為**膠體溶液**。這些漂浮的粒子稱為膠體粒子，液體稱為**分散介質**。也就是說**牛奶不是單純的溶液，而是名為膠體溶液的特殊溶液**。

一般像膠體粒子那麼大的粒子，會受重力影響而沉澱在溶液底部，並且凝固才對。小麥粉溶於水就是這樣，溶解後

雖會成為普通的牛奶狀，但放置後，小麥粉馬上就會往下沉並凝固。

只有牛奶這種膠體溶液，粒子可以不受重力影響而在分散介質（水）中一直漂著，這是為什麼呢？這有兩個原因：

①膠體粒子周圍都跟水分子緊密結合，因此粒子們聚集起來變成更大的粒子，而沒有辦法沉澱。

②所有的膠體粒子表面帶有同樣電荷，因靜電排斥作用的關係，不會互相靠近在一起。

因前者理由產生的是**親水膠體溶液**，後者理由產生的是**疏水膠體溶液**。

牛奶中的脂肪球是疏水性的，牛奶中的脂肪球周圍覆蓋了親水性蛋白質的酪蛋白（乳化），整體變成了類親水膠體溶液。也就是脂肪球周圍包圍著酪蛋白，而再更外圍又被水分子包圍。像酪蛋白這樣的物質就稱為保護膠體。牛奶意外地是複雜的液體。

在自然界中有很多膠體溶液，食物中也有很多。比較好懂的是化妝品的乳液、血液、魚的精囊、美乃滋等。

另外，分散介質也不僅限於液體，熱氣就是水的微粒子漂浮在分散介質的空氣中，是一種「氣溶膠」，霧跟雲都是氣溶膠。美乃滋跟牛奶一樣，是一種蛋的蛋白質成為保護膠體圍繞在脂肪球周圍，並在醋的分散介質中漂浮的「液溶膠」。

圖 8-3 ● 膠體也有氣體、液體、固體三種

分散介質	膠體粒子	一般名稱	例子
氣體	液體	液體氣懸膠體	霧、噴霧
	固體	固體氣懸膠體	煙、塵
液體	氣體	泡沫	泡沫
	液體	乳濁液	牛奶、豆漿、美乃滋
	固體	懸濁液	油漆、矽溶膠
固體	氣體	固體泡沫	海綿、矽膠、浮石、麵包
	液體	固體微粒乳化劑	奶油、人造奶油、微囊
	固體	固體懸濁液	有色塑膠、有色玻璃、紅寶石

　　奶油是固體脂肪當分散介質，漂在奶油中的水則是膠體粒子，而成為「固溶膠」。麵包是固體分散介質中，有氣泡膠體粒子的「固溶膠」。

　　膠體溶液中，牛奶、水蒸氣、霧、雲、美乃滋等**有流動性的特別稱為「溶膠（sol）」**。相對地、奶油、麵包等**固體狀的東西（固溶膠）稱為「凝膠（gel）」**，乾燥劑的矽

膠是固體的二氧化矽當分散介質，氣泡是分散相的固溶膠，所以被稱為矽膠。

把明膠溶於水後是有流動性的液溶膠所以是sol，但在低溫下會變成固體並喪失流動性，而成為固體的凝膠（gel）。

食品之窗

高分子及膠體溶液

讀到這裡，因為常看到「高分子、塑膠」而覺得困惑的讀者應該不少吧？而到了本章更是一直出現「膠體」一詞，可能有很多人是第一次聽到這個名詞，但它相當重要。

會這麼說是因為生物的身體本身就是由「高分子及膠體溶液」形成的，而高中化學卻幾乎不會提到「高分子及膠體容液」。

科學是不斷累積的學問，有時之前一知半解的東西，接下來便會「豁然開朗」。

所以本書寫到的東西就算有一些無法理解的部分，也不用介意，不斷快速看過繼續往下讀，不斷前進吧！如此一來，快速看過的部分之後就會能夠理解的。

市售牛乳的種類跟特徵是？

──差別在調整成分、脂肪球均一化、殺菌法

前往超市的牛奶賣場，就會發現陳列了無調整成分牛乳、成分調整牛乳等許多種類的紙盒裝牛奶，不習慣的人會很難做出選擇，那麼這之間有什麼不同呢？

牛奶的分類有許多種，首先可以分成不調整成分的「**無調整乳**」，跟調整了成分的「**調整乳**」。

生乳的成分會隨季節變動而變化，也就是吃乾草的冬天脂肪成分會比較多，夏天多吃青草所以脂肪會減少，味道濃淡也會隨著改變。而調整這些的就是「成分調整牛乳」，另外，反映出最近健康風潮的是減少乳脂肪的「**低脂牛奶**」，也有加鈣的產品。

接下來是「均質乳」跟「非均質乳」。

均質乳化機（乳化機、均質機）的機械可以將**牛奶中直徑小於 2μm 的脂肪球進行均質化（homogenize）**，完成後稱為**均質乳**。除了防止產品中的油水分離，也避免商品優劣不一。

另一方面，沒有進行均質化的非均質乳，裝瓶後經過數天就會浮出白色濃稠的奶油狀，這就是牛奶的脂肪球沒有均

一化,所以粒子大的脂肪球就這樣留在牛奶中,成為奶油而凝聚在一起。

另外,也可以用殺菌法分類鮮奶,主要是殺菌法使用的溫度跟加熱時間有所不同,有以下幾種。

○**低溫長時間殺菌(LTLT法)**:以63℃加熱30分鐘,因為是低溫所以蛋白質不會發生熱變性,牛奶(低溫殺菌牛乳)的風味不會改變。

○**高溫短時間殺菌(HTST法)**:以72~78℃加熱15秒,不耐熱的細菌會死,但耐熱細菌還是會留下來,所以賞味期限短(4~6天),蛋白質的熱變性有限。

○**超高溫瞬間殺菌(UHT法、UP法)**:以120~135℃加熱1~3秒,耐熱的細菌會死光,跟低溫長時間殺菌相比比較簡單,而且賞味期限較長,所以日本的市售牛乳幾乎都是用這個方法處理。

○**LL牛乳**:以135~150℃進行1~3秒殺菌,裝在氣密性好的利樂包或塑膠容器等無菌的充填包裝裡。這種牛奶稱為**保久乳**(LL牛乳),在未開封狀態下可以保存3個月左右,可常溫保存。

市售牛乳的種類跟特徵是?

牛奶成分也有很多種

——成分不同的理由是什麼？

很多日本人會把「奶＝牛奶」劃上等號吧？但一般提到**奶**，不一定是指牛奶。也就是說，媽媽的母乳、貓或狗的母乳也算是奶，這些奶當然不是指「牛奶」。馬或山羊的奶在世界各地也被當成食物。

就算只說「牛奶」，除了荷斯登乳牛外，也有拿來做成牛肉的黑毛和牛、用來耕田的水牛，「牛」有很多種類。

下一頁就來看看幾種動物分泌的乳汁組成成分。各種動物為了讓自己的小孩健康長大，所以製造出以各自的生存環境來說，對小嬰兒發育及未來最好的成分，看了這個不禁對大自然的嚴格肅然起敬。

看表會先發現海狗、鯨魚等海生動物的牛奶固形物很多吧，這或許是考量到海中的哺乳條件相當惡劣所形成的機制也說不定。幸運地掌握到一次哺乳機會，當然會想讓孩子盡可能多攝取一點養分。

靈長類的人類與紅毛猩猩，兩個物種的乳汁成分沒有多大差別也是理所當然的事情，但此處要特別提一下兩者間的乳糖量差異（人類7％，紅毛猩猩6％）。擁有同濃度乳糖

的只有馬而已。有利用馬奶中豐富的糖來發酵的馬奶酒,可以當作酒的原料,之後我們會再討論。

圖 8 - 4 ● **各種動物的母乳成分**

動物	乳總固形物	脂質	蛋白質	酪蛋白	乳糖	灰分
人	12.4	3.8	1.0	0.4	7.0	0.2
紅毛猩猩	11.5	3.5	1.5	1.1	6.0	0.2
牛	12.7	3.7	3.4	2.8	4.8	0.7
水牛	17.2	7.4	3.8	3.2	4.8	0.8
山羊	13.2	4.5	2.9	2.5	4.1	0.8
馬	11.2	1.9	2.5	1.3	6.2	0.5
豬	18.8	6.8	4.8	2.8	5.5	—
犬	23.5	12.9	7.9	5.8	3.1	1.2
貓	—	4.8	7.0	3.7	4.8	1.0
野兔	—	19.3	19.5	—	0.9	
老鼠	29.3	13.1	9.0	7.0	3.0	1.3
棕熊	11.0	3.2	3.6	—	4.0	0.2
非洲象	20.9	9.3	5.1	—	3.7	0.7
東方蝙蝠	40.5	17.9	12.1	—	3.4	1.6
海狗	65.4	53.3	8.9	4.6	0.1	0.5
藍鯨	57.1	42.3	10.9	7.2	1.3	1.4

出自岡山大學農學部畜產物利用學教室,片岡啟〈各種哺乳類動物的組成成分組織比較〉

就算是同一種牛,普通牛跟水牛的脂肪也有很大差別,水牛的牛奶比普通牛的牛奶還要豐富。這可以從水牛奶做的起司的豐富程度看得出來。

狗跟貓的脂肪有很大差別，或許是因為跟人類共同生活的時間長短不同。跟人類生活久了，就變成脂肪較多的肥胖體質也說不定。

　　棕熊是會冬眠的動物，母乳是在母親冬眠中給小嬰兒的東西，成分上跟其他動物沒有什麼差別，讓人意外。

　　象跟老鼠的體型有天壤之別，但母乳成分其實是老鼠比較豐富。乳脂肪、蛋白質都是老鼠多了 5 成左右。但這是比較濃度，其實要比較的話，應該是比嬰兒喝的量，也就是嬰兒喝的量跟濃度相乘後的結果。象的小嬰兒或許會牛飲（象飲）喝個不停也說不定。

　　蝙蝠等是哺乳類中的特殊種類，母乳成分也跟其他哺乳類不同，乳脂肪、蛋白質都是牛奶的 3 ～ 4 倍，濃度很高。

　　像這樣，光是理解「奶」成分的不同，就能讓我們從中明白各式各樣的生物習性。

 調查乳品加工吧

——鮮奶油、打發鮮奶油、奶油、脫脂奶粉？

　　因為不用宰殺珍貴的牲畜就能獲得牛奶，因此畜牧民族會將牛奶當成重要的食材使用。其中不只是直接喝，也會加工成各種食品，現在就來看看主要的乳品加工品吧！

　　未經過精製的牛乳加熱殺菌後，放置、冷卻就會有鮮奶油分離到乳汁上層，可以看到這是一種膠體狀態的破壞。比重小的脂肪球擺脫**酪蛋白**的保護而中止膠體狀態，往膠體溶液的上層跑走。

　　工業上是使用離心機來分離，依據用途跟目的來區分的話，乳脂肪含量為 18 ～ 30％的鮮奶油是咖啡用，30 ～ 48％的重奶油會分類在打發用（鮮奶油用）。而除去鮮奶油後剩下的東西，就被稱為脫脂乳。

　　鮮奶油（cream）是從牛奶（膠體狀態）中跑掉的脂肪球集團，但脂肪球還是會被酪蛋白膜包覆並漂在奶油水中，所以鮮奶油是比牛奶更高濃度狀態的膠體。如果**加以激烈攪拌，會使包覆脂肪球的酪蛋白的膜部分遭到破壞**，而脂肪球會在破壞的部分連結起來，防止內部的脂肪跑出去。

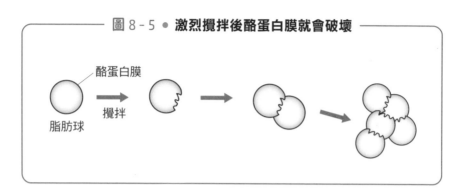

圖 8-5 ● 激烈攪拌後酪蛋白膜就會破壞

酪蛋白膜

脂肪球　攪拌

攪拌變得更激烈的話，就會有許多脂肪球被傷到，因此許多脂肪球就會結在一起變成更大的組織。不久後這些組織內部會包含氣泡，這就是**打發鮮奶油**（Whipping Cream）。攪拌再更激烈的話，會讓脂肪球完全被破壞，產生油水分離的現象，也就是膠體狀態完全被破壞了。

　　牛乳的脂肪部分凝固後稱為**奶油**（Butter）。奶油是鮮奶油再進一步製造出的產品。

　　如果在10℃以下的溫度激烈攪拌奶油，脂肪球就會凝結成大豆的大小，成為奶油粒。而集結的奶油粒再經充分壓練後就完成了。奶油粒以外的液體稱為**酪乳**（Buttermilk），會製成粉末狀之後供批發使用。

　　起司的主要成分是牛奶中含有的一種蛋白質「酪蛋白」，酪蛋白在分子中有親水端跟疏水端，因此跟肥皂等界面活性劑一樣，可以漂在水中不會凝結。但是如果加上酸或乳酸菌變成酸性，再加上凝乳酶（凝乳酵素），酪蛋白分子的親水性部分就會因為水解而被分離，酪蛋白分子會凝聚而

開始沉澱。

凝聚的部分分離後成形就變成起司。起司根據不同種類，之後可能會再加上黴菌，進行長時間熟成。

牛奶經常在發酵後使用，製作起司的時候會使用乳酸菌來發酵，結果就是前面所說的那樣。積極讓乳酸菌作用，讓乳酸發酵的話，固化的部分就會跟液體分離，固化的部分成為優格，上面清澈的液體部分稱為**乳清**。

乳酸菌不只會分解牛奶中的蛋白質並成為胺基酸，還會分解乳糖，所以優格就算是後面會提到的乳糖不耐症的人也可以吃。

牛奶去除乳脂肪後的產品，經過脫水乾燥變成粉末後，就是**脫脂奶粉**。保存性良好，含有豐富的蛋白質、鈣、乳糖，營養價值很高，所以日本戰後有一段時間用在學校供餐。

當時學校供餐的脫脂奶粉，氣味臭而且絕對稱不上好吃，但那是因為原料是做奶油後剩下的廢棄物，是當成家畜的飼料所以處理很隨意，並且是由無遮蔽貨船（開放型貨船）載著經過巴拿馬運河，經過高溫潮溼環境而受損。

現在市售的脫脂奶粉沒有那麼臭，而且品質也提升了，是可以飲用的產品。在製作菠蘿麵包、瑪芬等點心時也會使用脫脂奶粉。

發酵奶油很常見嗎？還是不常見？

最近透過乳酸菌進行乳酸發酵的**發酵奶油**受到了矚目，但這是只有日本才有的特殊現象。乳酸菌是空氣中常見的細菌，以前沒有辦法在無菌狀態下製造加工品的時代，可以說所有加工食品都躲不開乳酸發酵。

而這一點奶油也是一樣的，所以歐洲很常見的奶油就是「發酵奶油」。不發酵奶油是近年來可以用無菌狀態製造才產生的產物。

但是日本可以製造奶油的時候，就已經是可以進行無菌狀態加工的時代，所以在日本沒有經過發酵的奶油還比較常見，有發酵的就被當成特殊奶油，發生了逆轉現象。

8-7

牛奶也有毒性？

——牛奶過敏、乳糖不耐症是什麼？

　　牛奶被説是含有分量剛好、嬰兒需要的所有必要營養素，可説是完全營養品，但牛奶也不能説是完全安全的食品，必須説它實際上還是有危險性。

　　其一就是**牛奶過敏**，<u>那是牛奶中含有的蛋白質 α-酪蛋白引發的過敏</u>。特別是小孩的話，牛奶是僅次於雞蛋容易發生食物過敏的食物。症狀通常是拉肚子，2～3歲後自然而然就會產生耐性而不再發生，但是跟其他過敏一樣，如果發生過敏性休克就可能會危及性命，所以要小心。

　　跟過敏不同，如果是喝牛奶後會肚子痛，肚子發出咕嚕咕嚕聲並拉肚子的症狀，稱為**乳糖不耐症**，這是因為<u>分解乳糖的酵素（乳糖酶）作用很弱</u>的緣故。

　　一般哺乳類出生後的乳糖酶活性很高，之後會漸漸降低（其他也有先天缺乏乳糖酶的案例，但那是極罕見的病例）。

　　為了預防乳糖不耐症，可以喝像優格這種已經把乳糖分解掉的牛奶。另外，也可以服用乳糖酶藥劑。

圖 8-6 ● 有乳糖不耐症就改喝乳酸飲料吧

MILK

乳糖酶如果無法好好發揮作用……

　　非常危險的是**半乳糖血症**，這是因為遺傳而發生的嚴重症狀。分解半乳糖的酵素作用很弱，或是完全沒有的人，喝下牛奶後，半乳糖的濃度會達到危險的範圍。

　　這樣就會發生肝硬化、髓膜炎、敗血症等會危及性命的疾病，不好好治療的話，死亡率會高達75％。

　　現在因為有可能透過新生兒篩檢發現，所以早點發現然後儘快治療是很重要的。

牛奶跟乳製品的營養價值如何？

——高蛋白食品

　　牛奶相關食品的營養價值如表所示，可以知道未加工狀態的牛奶熱量並不高。牛奶跟人乳比起來蛋白質多，相反

圖 8-7 ● 牛奶相關的營養價值

每100g

	熱量	水分	蛋白質	全脂質	飽和脂肪酸	膽固醇	碳水化合物	食物纖維	食鹽相當量
	kcal	g	g	g	g	mg	g	g	g
人乳	65	88.0	1.1	3.5	1.32	15	7.2	（0）	0
牛乳	67	87.4	3.3	3.8	2.33	12	4.8	（0）	0.1
脫脂乳	34	91.0	3.4	0.1	0.05	3	4.8	（0）	0.1
優格	62	87.7	3.6	3.0	1.83	12	4.9	（0）	0.1
加工起司	339	45.0	22.7	26.0	16.0	78	1.3	0	2.8
鮮奶油	433	49.5	2.0	45.0	（27.62）	120	3.1	（0）	0.1
奶油	745	16.2	0.6	81.0	50.45	210	0.2	（0）	1.9
人造奶油	769	14.7	0.4	83.1	23.04	5	0.5	（0）	1.3

出自日本食品標準成分表（7版）　　　（數值）＝推測值，（0）＝根據文獻等推測不含此成分

地，碳水化合物（糖分）少，膽固醇的部分兩者似乎都很少。

脫脂乳沒有脂肪成分，所以熱量跟膽固醇低也是當然的，但是蛋白質有完整保留下來，所以可以說是高蛋白食品。

優格的營養價值跟原料的牛奶似乎沒有很大差別。

起司、鮮奶油、奶油等加工食品熱量會一口氣增加，這是因為這類製品的水分少，所以熱量數值就上升了，雖然可能有起司蛋白質多、奶油脂肪多的印象，實際上可以得知起司的脂肪比蛋白質更多。

當然，奶油幾乎都是脂肪塊，所以膽固醇也高，大概有鮮奶油的2倍、起司的3倍。而且奶油中的飽和脂肪酸之多也值得注目。

為了比較，可以看看人造奶油的數據，前一頁的表也記載了。但是如之前所知道的，人造奶油中有反式脂肪酸的問題，奶油跟人造奶油的問題可以說是「難以兩全」。

食品之窗

乳酸菌可以活著抵達腸道嗎？

優格是將牛奶經過乳酸發酵後的食物，乳酸發酵主要是乳酸菌在進行的工作，並不存在特定單一種類的菌叫乳酸菌。無論是何種菌，能將糖分解為乳酸的菌全都叫作乳

酸菌，所以乳酸菌有很多種類。

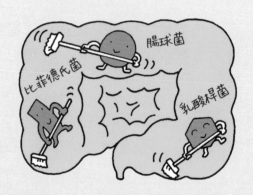

　　生吃乳酸的話，大多數情況下乳酸菌會被胃酸殺死，但其中也有些很健壯、可以通過胃跟小腸抵達大腸的，這種菌有好幾種，無論哪種，都是經由各公司的研究所反覆培養誕生出來的，因此很多都屬於各公司的獨家配方。

　　人類的腸中本來就有乳酸菌在進行整腸作用，要讓乳酸菌增加、活化，不一定要讓乳酸菌抵達大腸，讓現有乳酸菌活化的「活性化成分」抵達大腸即可。

　　然而，據説死去的乳酸菌也有讓活的乳酸菌活化的作用，所以無論生死都沒關係，總之只要吃下乳酸菌，應該就對健康有好處。

8-9

用科學的角度看蛋

——鴕鳥蛋是「巨大的單細胞」

除了哺乳類以外，多數的動物都會產卵，但是作為食品的蛋，除了鮭魚、鱈魚、鱒魚等魚類以外，其他都是鳥類的蛋，說主要是雞蛋也不為過吧。

雞蛋由蛋殼、蛋白、蛋黃組成，重量比約為：

蛋殼：蛋白：蛋黃＝1：6：3

蛋殼跟貝殼一樣是由碳酸鈣（$CaCO_3$）形成的多孔結構，這是為了讓胚胎能從外界吸收氧氣並因呼吸而釋放出二氧化碳，蛋殼內側有名為蛋殼膜的薄皮。

蛋白是由黏度高的濃蛋白，以及黏度低的稀蛋白所形成。蛋黃有繩狀的「繫帶」被固定在蛋的中心，**蛋黃是單一的獨立細胞**，所以鴕鳥的蛋黃（直徑10cm）是地球上不出其二的巨大細胞。順帶一提，人類的卵子直徑是0.15mm左右。

蛋是營養均衡的優秀食品，100g的蛋中含熱量155大卡、碳水化合物1.12g、蛋白質12.6g、脂肪10.6g、膽固醇420mg。養分大多在蛋黃，蛋白的87％是水分，剩下的幾乎都是蛋白質。蛋的脂肪中，25％左右是會變成膽固醇

的飽和脂肪酸，所以蛋的膽固醇似乎也很高。

蛋殼有分成白跟紅的，但那是因為雞的種類跟遺傳，所以**蛋殼的顏色不會影響營養價值**。蛋黃的顏色是從飼料而來，已知這也跟營養價值無關。另外，蛋的大小取決於蛋白，所以以比例來說的話，反而是小顆的蛋蛋黃比例較大。

簡單地說，蛋的大小、殼色、蛋黃的顏色都跟營養價值無關，那麼選擇蛋的標準到底在哪裡呢？令人感到困惑。

雖然蛋會用在各種料理中，但我們來看看比較特殊的調理方式，也就是皮蛋跟溫泉蛋吧。

為了製作皮蛋，要將生鴨蛋塗上石灰跟木炭混合的黏土，並灑滿稻殼置於陰冷的地方儲存 2 ～ 3 個月。如此一來，石灰的鹼性就會漸漸讓殼的內部變為鹼性，蛋白質也會變性並且固化，最終白色部分會變成黑色的果凍狀，蛋黃部分會變成翡翠色的固體。皮蛋的味道是跟蟹膏很像的香味，非常好吃。

溫泉蛋是一種水煮蛋，特徵是蛋白比起蛋黃更為柔軟。這是利用了蛋黃的凝固溫度（約70℃）比蛋白的凝固溫度（約80℃）低的性質。將蛋浸入65 ～ 68℃左右的熱水30分鐘左右就能完成。相反地，讓蛋黃保有柔軟的情況下讓蛋白凝固，就稱為半熟蛋。

小孩容易起過敏反應的食品中，蛋跟牛奶並稱雙壁。**蛋過敏的原因很多是因為蛋白中含有的蛋白質**，因為小孩的腸膜很薄，所以蛋白質容易通過。隨著小孩成長，大多也就能

克服蛋過敏。另外，加熱的蛋一般影響也會比較小。

　　但是另一方面，如果蛋殼上附著沙門氏菌，吃下衛生狀態不好的生蛋的話，可能會引起**沙門氏菌食物中毒**。沙門氏菌的潛伏期從半天到兩天左右，症狀嚴重的話會非常嚴重，所以需要注意，就算症狀看似好了，也有可能病菌還潛伏在身體中。雖然一般容易認為蛋是安全的食品，但意外地也有陷阱存在，所以需要注意。

食品之窗

膽固醇對健康不好嗎？

　　一般印象是膽固醇對健康不好，但那是錯的。膽固醇是構成細胞膜的組成要素，所以是生物不可或缺的重要物質。

　　根據美國研究，可以看到膽固醇的量跟壽命有關聯，不論過多或過少都是不行的。100ml的血液中，膽固醇量約為180～200mg是最好的。太多容易造成冠狀動脈疾病增加死亡率，太少則是會讓冠狀動脈疾病以外的死亡率增加。思考比較偏向哪種死法來調整膽固醇的攝取量，或許也是一種方法也說不定。

　　膽固醇會對健康產生問題，是在血管中移動的時候。這時候的膽固醇不是單獨移動，一定是跟名為脂蛋白的蛋白質結合來進行移動，這個脂蛋白有兩種，根據結合的是

哪一種，會變成所謂的好膽固醇，也就是 HDL，或是名為壞膽固醇的 LDL。

好膽固醇的角色是將血液中多餘的膽固醇運送到肝臟，防止血中的膽固醇增加。

另一方面，壞膽固醇會將膽固醇送到細胞，結果是細胞中會有比必需量更多的膽固醇，血管也會硬化並促使動脈硬化發生。

第 **9** 章

從麩質認識麵包
和麵吧！

麵包的種類跟特徵是？

——比較海外跟日本的麵包

　　麵包是由小麥或黑麥等穀物的粉末加上水跟鹽、酵母，經過發酵而讓麵團變成多孔結構後烘烤而成的食物。麵包是世界各地都在食用的主食，種類據說有5000種以上。首先來看看主要的麵包種類吧！

　　以法國麵包著名的法國，麵包種類從傳統到新種有非常多。

○**長棍麵包**：法文中的意思是傳統麵包，只用小麥粉、麵包酵母、鹽、水製作，除了棒狀的baguette以外，依據長度跟粗度不同還會有Parisien、Batard等不同名稱。

○**鄉村麵包**：法文中的意思是鄉下的麵包，有家庭手工感的懷舊樸素麵包。

○**可頌**：將奶油折進派皮般的麵團中烘烤出的麵包，1889年巴黎萬國博覽會時由維也納的麵包師傅發明出來的。

○**布里歐**：據說是瑪莉・安東尼嫁到法國時傳入，蛋

與奶油比例較高的綿密麵包。

義大利以義式細麵、通心粉聞名，但也有自己的特色麵包。

○**佛卡夏**：在麵糰中加入橄欖油後進行直烤，被說是披薩原型的圓型麵包。

○**巧巴達**：平坦四角型的簡樸味道的麵包，會夾生火腿或起司等餡料來食用。

在北方國度的德國，除了小麥以外，**使用黑麥的麵包**也很盛行。

○**麵包（brot）**：大型麵包的總稱。黑麥做出的麵包叫做「longbrot」，粗碾的小麥全粒粉配方的麵包是「weizenschrotbrot」等，會像這樣依據使用的麥的配方來改變名稱。

○**扭結餅**：中世紀作為麵包坊的象徵會掛在店前面的麵包。口感酥脆和鹹鹹的，也可以當成啤酒的下酒菜。

美國盛行柔軟口感的土司，像熱狗或漢堡等夾入餡料食用的麵包也很豐富。

○**白土司**：跟歐洲較硬的土司相比，皮薄且內裡較軟的麵包。

○**小圓麵包**：為了漢堡或熱狗等夾入餡料而設計的小型麵包。

○**貝果**：猶太教徒間食用的甜甜圈型的麵包。烤之前會煮過麵團，所以口感十分有彈性。

○**英式瑪芬**：起源於英國，但在美國流行的是水分多且麵糰柔軟的圓麵包。

○**甜甜圈**：被當成一種點心，但在美國也會當成主食來吃。

除了這些以外，中國的饅頭也可以當成是麵包的一種，印度跟中東各國也有平坦狀的饢。另外，俄羅斯有將麵糰加入絞肉等內餡再油炸，或是用爐子烤的pirashiki。

日本店裡販售的麵包，種類多得幾乎可以說是能吃到世界各國的麵包，除了像這些各國獨特的麵包以外，還有在麵包中夾餡、用麵包包著餡料烤的點心麵包跟鹹麵包等無數的種類。日本也有獨自發展出的麵包或是用米粉來製作的米麵包。

○**米麵包**：用米粉代替小麥粉的麵包，小麥粉跟米粉混合或是米粉100％的類型都有。小麥過敏的人也能大啖麵包。

○**白麵包**：以土司作為代表，其他還有麵包卷、coupe麵包等很多種類。

○**點心麵包**：紅豆麵包、巧克力麵包、果醬麵包、奶油麵包等，只要是甜的東西什麼都能包進去。菠蘿麵包也算是其中一種吧。

○鹹麵包：咖哩麵包、炒麵麵包、香腸麵包、南瓜麵包等，冰箱中所有的料理都能夾進去。

○酒饅頭：日本自古就有的饅頭，也是麵包的一種。原本是由酵母（麵包酵母）來讓麵糰發泡，改以酒代替，而留下的麵跟酵母會進行發酵，使得麵糰變成多孔狀。

食品之窗

「麵包和馬戲」獲得喜愛

麵包是主食，應該供給國民多少麵包從以前就是政治上的一大問題。供給麵包在羅馬帝國是社會福利中的一環，政府會免費發放製作麵包的原料穀物給擁有羅馬公民權的弱勢族群，這些人同時也可以免費看劍鬥士的決鬥和戰車賽車。

相對地，同時代的詩人尤維納利斯以「麵包和馬戲」來比喻讓市民不再關心政治的政策。當政者譁眾取寵的政策，似乎在什麼時代都有。

另一方面，法國革命時瑪麗‧安東尼對窮困的民眾說「沒麵包可以吃蛋糕」，引發國民的憤怒，但這個故事的真假尚未有定論。

 # 麵的種類跟特徵？

——不需要酵母跟發酵的方便性，讓「麵」在全世界普及

使用穀物的主食主要有三種，一是像飯這樣直接煮、蒸來加熱吃的食物。

其他兩種都是要將穀物磨碎成粉來加工，一個是第9章第1節介紹的麵包，這是將穀物粉和水、酵母混合揉製，使麵糰酒精發酵，產生二氧化碳並產生氣室再烘烤的產物。另一種是將穀物粉加上水揉製，做成黏土狀後裁成線狀，或者從小洞中加壓擠出來製作而成的「麵」。

以工程浩大來說麵包是最優秀的，但製作麵包的精髓在於酵母的運用。而酵母在自然界中是最隨處可見的細菌的其中一種，偶然混入其他東西的可能性很多。另外，小麥粉做出的麵糰為了用酵母產生的二氧化碳發泡，必須讓麵糰產生黏性，所以麵粉中有蛋白質（麩質）也是必要條件，滿足這個條件的就是小麥粉。

但是麵**不需要酵母或發酵、連麩質也不需要**，跟麵包有很大的不同。不論何種穀物，將之磨成粉加上水後都可以揉成黏土狀，捏成小塊狀就是蕎麥麵團、德國麵疙瘩（Spatz），變細的話就成了麵（素麵、義大利麵）。麵跟

穀物的種類無關，可以簡單做出來，而且只要在湯或配料上下工夫的話就能變得好吃。

因為這樣的原因，所以麵文化才會傳播到全世界吧。那我們來具體看看「麵」的種類。

剛製作好的麵是含有水分的**生麵**，乾燥後就變成**乾麵條**，麵有以下的種類。

首先來看看日本的麵吧。日本人似乎很喜歡麵，所以有很多種類，各自都有規定的寬度跟厚度。

○**棊子麵**：小麥粉製、平坦線狀的麵，寬4.5mm以上，未滿2.0mm厚，名古屋名產。

○**烏龍麵**：小麥粉製，斷面是圓型或正方型，寬1.7～3.8mm，厚1.0～0.8mm。

○**冷麥（細烏龍）**：把烏龍麵變細的產物，寬1.3～1.7mm，厚1.0～0.7mm。

○**素麵**：將冷麥變得更細，製造時加入少量的油。寬、厚都是1.3mm。

○**日本蕎麥**：蕎麥粉製。用整粒蕎麥製造的是「藪蕎麥」，去除殼的是「更科蕎麥」，有時會為了黏性而加入1～2成的小麥粉。

○**冬粉、Malony**：用綠豆或馬鈴薯澱粉做出的麵，煮了之後會變成半透明。

○**葛粉麵**：用葛根的澱粉做出的麵，但做好會馬上食用，所以不會製成乾麵條。

○**白瀧麵**：材料是由蒟蒻做成的蒟蒻粉，彈性強。以前幾乎都當成副食來食用，但近來因為減肥風氣興盛，蒟蒻因為低熱量和整腸作用而被重新認識，不會製成乾麵條。

○**心太（海藻麵）**：用海藻的石花菜所製作出的麵，軟硬度的口感很好，傳統上會搭配醋醬油或是三杯醋來吃。跟蒟蒻一樣，都因為其低熱量的特性，受減肥風潮影響，有時會拿來取代主食，沒有乾麵條形式。

中國的麵有以下幾種。

○**中華麵**：不用說也眾所皆知的麵。小麥粉製、在揉製的水中加入鹼性的鹵水（碳酸鈉水溶液），所以會產生獨特的嚼勁跟香氣，並且讓麵體呈現黃色。

○**米粉**：用米粉製作出的麵。

○**紅麵**：用高粱粉製作的麵。

義大利是義大利麵的國度，有各種形狀的義大利麵。

○**義式細麵（Spaghetti）**：小麥粉製，細長線狀，用於義大利麵料理。

○**通心粉（Macaroni）**：小麥粉製，5cm x 1cm左右的中空圓筒狀，用於沙拉等料理。

○**千層麵（Lasagna）**：小麥粉製，一種薄薄的長方型義大利麵。加上肉醬或起司並層層疊起後用爐子烤來吃。

世界各國也還有其他各種麵。

○**德國麵疙瘩（Spatz）**：在德文中是麻雀的意思。用
　　小麥粉、蛋、鹽等做出比較鬆軟的麵糰，放進熱水中
　　煮熟。可以拌著醬來吃，或是當成配菜。

○**冷麵**：朝鮮半島的麵，用馬鈴薯的澱粉製作，有很強
　　的彈性。

○**金邊粉**：主要是在泰國吃的麵，用米粉製作。

○**河粉**：越南的麵，用米粉製作。跟日本的某子麵很
　　像，但做法相當不同。首先將浸在水中的米磨成糊
　　狀，再薄薄流到熱的金屬板上，大致凝固後再切成麵
　　的形狀。

○**中亞拉麵（Laghman）**：中亞全區都會食用的麵。
　　用小麥粉跟鹽水做的麵糰揉製並靜置後再揉，出現黏
　　性後用兩手拉長製作，跟日本的素麵是類似的製作方
　　法。煮這種麵後會配上牛肉湯加羊肉、蔬菜、辣椒等
　　配料來吃。

如這一節最初所提到的，麵不像做麵包需要酵母或發
酵、麩質，這可能是「麵」能在世界各地普及的原因也說不
定。

低筋？中筋？高筋？

—— 小麥粉的種類有多少種？

小麥粉是由小麥種子磨成粉的產物。像是第5章所說的那樣，每100g小麥粉有337大卡的熱量，碳水化合物的量是72.2g，其中膳食纖維有10.8g，剩下的都是澱粉。

脂肪有3.1g，其中0.56g是飽和脂肪酸，剩下2.5g左右是不飽和脂肪酸。小麥粉含有10.6g的蛋白質，其種類為麥膠蛋白及麥蛋白，這些蛋白質吸收水後會變成有黏性的**麩質**，大大影響小麥粉的性質。

小麥粉是用小麥種子製作的，所以如果把皮跟胚芽也一起製粉的話稱為**全麥麵粉**，去除皮跟胚芽的稱為**精白麵粉**。Graham麵粉就是全麥麵粉的一種，是指比普通的全麥粉篩得隨意一些，或不會過篩的粉。所以做出的麵包也比用全麥麵粉的麵包更有口感。

小麥粉中含有蛋白質（麩質）。而且小麥粉中有**「低筋、中筋、高筋」3個種類，相異處在於麩質的多少**。麩質的量除了小麥的品種外，還會因開花期跟收成期是否降雨而有所變動。如果開花期、收成期的雨水多，小麥就比較不容易形成麩質。

低筋麵粉是指蛋白質的比例在8.5％以下的**麵粉**。會用在蛋糕等點心、天婦羅等，主要是用美國產的軟小麥。

中筋麵粉是指蛋白質比例為9％左右的**麵粉**，多使用在烏龍麵、大阪燒、章魚燒等料理，主要採用澳洲及日本國產的中間小麥。

用高筋麵粉與低筋麵粉混合而成的產物也類似於中筋麵粉，但那樣製造出來的粉跟原本的中筋麵粉的加工特性會有些微不同，專業使用時需要注意。

高筋麵粉是指蛋白質比例在12％以上的**麵粉**，用在麵包、中華麵、營養午餐的軟麵等，原料主要使用美國、加拿大產的硬小麥（麵包小麥），烤了之後會變硬，所以不適合做西式點心。

如果能控制蛋白質含量，成品也會愈發細緻，所以市面

圖 9-1 ● **低筋麵粉、中筋麵粉、高筋麵粉的差別？**

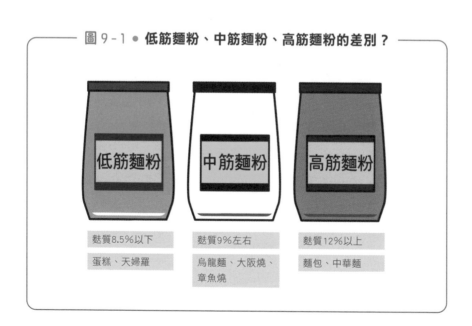

低筋麵粉　　中筋麵粉　　高筋麵粉

麩質8.5％以下　　麩質9％左右　　麩質12％以上

蛋糕、天婦羅　　烏龍麵、大阪燒、　　麵包、中華麵
　　　　　　　　章魚燒

上也有一些名為「製蛋糕用低筋麵粉（蛋糕粉）」或「super violet」等商品，也有將蛋白質含量減得更少的商品。

食品之窗

葛粉、片栗粉、澄粉？

　　日本有一些自古以來流傳的傳統穀粉，我們來看看其中幾種吧。

　　夏天的代表物葛粉麵是用**葛粉**做的。葛是藤本植物，長可達 10m，地下也有可達長 1.5m、粗 20cm 的巨大根塊，裡面儲藏了澱粉。

　　挖出這些根塊後搗碎並浸到水裡溶解出澱粉，將這個溶液放置後容器底部就會有澱粉沉澱，然後將上面澄清的液體倒掉，再加上水後攪拌並放置，把沉澱物溶在水中後放置再沉澱……像這樣反覆進行，就會得到純白的葛粉。

　　但是現在葛木變少，人力也變少了，所以真正的葛粉變得很貴，**很多市售品都是用馬鈴薯或玉米的澱粉製作的。**

　　跟葛粉一樣有名的是**片栗粉**。會用在點心或是龍田揚油炸料理、中華料理的勾芡等很多地方，這些本來是用一種會開出漂亮花朵的豬牙花的地下莖製成的澱粉，量非常少所以相當昂貴，現在市面上幾乎已經沒有了吧。很可惜的是，**市售的片栗粉全都是馬鈴薯等的澱粉。**

口感澎軟又有點QQ的蕨餅，原本是用蕨的地下莖碾成的蕨粉來製作，現在除了一部分知名的點心舖以外，其他似乎都是用馬鈴薯的澱粉製作。

　　蒟蒻是用名為蒟蒻芋的東西製作的，在春天灑種後，秋天就可挖出小小的蒟蒻芋，隔年春天再將蒟蒻芋拿去種植，秋天就能再度收成……就這樣反覆3年完成蒟蒻芋的栽培。用這種蒟蒻芋製造出的粉就是市售的蒟蒻粉，只要使用蒟蒻粉，在家裡也能簡單吃到手作蒟蒻。

葛餅

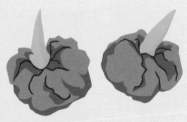
蒟蒻芋

　　其他還有日本傳統上會使用的一種叫做澄粉（浮き粉）的小麥粉，這是將小麥粉去除麩質後，把剩下的殘渣再經過精製的東西。

　　成分只有澱粉，類似於片栗粉。主要用在明石燒或日式點心（和菓子），香港做的透明皮的蝦餃也會使用。

　　說到葛餅，全國都會想到是用葛粉來製作的料理，但東京的久壽餅（日文發音與葛餅相同）是用澄粉製作的不同東西。

麵包的製作方法是？

——小麥以外的原料也能製作麵包

基本上麵包的製作方法是將小麥粉或黑麥粉等穀物粉加上水、鹽、酵母等，製作出麵團再加熱製作的產品。

我們來看看使用小麥粉的麵包是怎麼製作的吧。首先將高筋麵粉跟水和酵母混合揉製出麵糰，為了讓酵母作用活化，所以加上少量砂糖。另外，也有會用發酵劑（パン種）代替酵母，或是用泡打粉（發粉）的做法。

將麵糰靜置數小時讓它酒精發酵，發酵產生的二氧化碳會讓麵糰膨脹，發酵完成後就可以將麵糰裁成適當的大小，整形後放進爐（窯）中加熱。

酵母是微生物的一種，雖然是四處都有的東西，但為了製作麵包會用糖蜜等培養酵母，另一方面，發酵劑是利用穀物或果實上附著的酵母，以及其他複數的微生物來製作出非液狀的麵糰狀的東西，發酵劑中加入的微生物裡有乳酸菌及麴，乳酸菌進行乳酸發酵後麵包就會產生酸味。

另外也有不進行發酵而加上小蘇打粉（$NaHCO_3$），或是使用以小蘇打粉為主成分的泡打粉等化學膨脹劑，透過膨脹劑的分解反應製造出二氧化碳的方法。

$$2NaHCO_3 \rightarrow CO_2 + H_2O + Na_2CO_3$$

鹽除了可以調整味道，也有減緩酵母活動、抑制雜菌活動、強化麩質等作用。水的話**比起礦物質多的硬水，一般認為礦物質少的軟水能讓麵包更容易膨脹，所以較為適合。**

最典型的加熱方法是用爐子烘烤、讓熱傳到麵糰，但依據麵包種類還有把麵糰壓平貼在爐壁上烤的（西式大餅、印度跟中東的饢等）、蒸的（饅頭等）、炸的（甜甜圈或pirashiki）等。

提到小麥以外的材料，因為大麥及黑麥等不會形成麩質，所以麵糰就算發酵也不太會膨脹，所以麵包會變得又硬又重。

特別是黑麥沒有麩質，所以酵母無法讓它膨脹，而以乳酸菌為主的酸種會讓它膨脹，結果是跟小麥粉相比下，麵糰比較不膨，變成重重的麵包。但同時也產生出黑麥麵包獨特的酸味跟風味。

另外，也有像墨西哥的**墨西哥薄餅**那樣用玉米粉，或是巴西用木薯做的起司麵包（Pãode queijo）等，世界各地有各種用獨自的麵包材料做成的麵包，像這樣不用小麥粉的麵包，對小麥過敏的人來說是好消息。

日本近年來促進大家消費米及提升麵包製造技術，所以用米粉做的米麵包消費量也增加了。

米粉中不含麩質，所以不容易膨脹，初期的米麵包是用

小麥粉跟米粉混合來製作，但後來發現如果使用加熱糊化的米粉，就可以成功做出100％米粉的米麵包，這對小麥過敏的人來說也是好消息。

塊根莖類、豆類等中也含有豐富的澱粉，但並不包含麩質，所以黏性不足，沒辦法做出麵包。

但如果模仿米麵包的成功例子，今後也會有馬鈴薯麵包、地瓜麵包、豌豆麵包、玉米麵包、南瓜麵包等很多有趣的麵包會陸續問世吧。感覺也會對學校的營養午餐多了一分期待。

食品之窗

鬆餅跟鋁

鬆餅是將小麥粉加上蛋、牛奶、砂糖、泡打粉等再烤成海綿狀的柔軟麵包，並加上奶油或楓糖漿來食用的點心。市面上也有賣鬆餅粉，只要使用鬆餅粉，在家也能簡單烤出鬆餅。

有段時間，鬆餅粉裡加入了鋁成為了話題。

可能有人會想「是粉中混入了鋁箔紙之類的東西嗎」，但並非如此，是含有鋁的某種分子混了進去。

鬆餅粉的內容成分中標示了「明礬配方」，明礬的化學式為 $KAl(SO_4)_2$，這個 Al 就是鋁。

為什麼會加入這樣的東西？是因為泡打粉的主成分

是小蘇打（$NaHCO_3$），所以熱分解後會產生碳酸氣體 CO_2、水 H_2O，還有碳酸鈉 Na_2CO_3。

$$2NaHCO_3 \rightarrow CO_2 + H_2O + Na_2CO_3$$

碳酸鈉也是拉麵在製麵時會使用的鹼水中含有的成分，加在麵糰中會讓麵糰變黃，並產生獨特的氣味。但是加入明礬後，小蘇打的反應會變成像下面的化學式這樣，變得不會產生出碳酸鈉。

$$4NaHCO_3 + KAl(SO_4)_2 \rightarrow 2Na_2SO_4 + 4CO_2 + KOH + Al(OH)_3$$

雖然許多食品都會加入明礬當作食品添加物，所以加在鬆餅粉中也沒有問題，但在意的人果然還是會在意吧。所以現在市面上也有不添加明礬的鬆餅粉，在意的人可以改選擇這類產品。

麵類的製作方法是？

——來做做看烏龍麵、蕎麥麵吧！

　　我們來看看麵的製作方法吧。一般來説，麵類是把小麥粉等穀物的粉加上水後揉成麵糰，並且：

①把麵糰延伸成板狀再切成長條狀（棊子麵、烏龍麵等）

②將麵糰搓成長條狀（素麵等）

③把麵糰填入挖洞的道具中，並將麵糰從洞中壓出（義式細麵等）

④用刀之類的物品切削大塊麵糰（刀削麵）

等做法來製成麵。

　　我們就以日本代表性的烏龍麵、蕎麥麵為例，來看看製作方法的細節吧。

○烏龍麵的製作方法

　　烏龍麵的材料小麥粉中，主要含有 2 種蛋白質，也就是麥蛋白和麥膠蛋白。要拉長麥蛋白需要很強的力量，而麥膠蛋白則是很柔軟，兩者具有各自相反的性質。

　　加上小麥粉 2 倍的水後，麥蛋白和麥膠蛋白會因水分子

而結合，變成名為**麩質**的複合蛋白質。托這個麩質的福，烏龍麵就算冷卻後也不會縮起來，能維持一定的形狀。

烏龍麵很重要的就是嚼勁，「嚼勁」就是有Q彈感，也就是有彈性，咬下麵的時候會感覺到的不是硬、而是有彈性的反彈觸感，這就是有嚼勁。

麩質對嚼勁來說很重要。麩質會像網子那樣相互糾纏連結，能像口香糖那樣不會斷掉而能延伸，所以會產生嚼勁。

麩質組織加上鹽後會更加結實，黏性跟彈性也會變強，在小麥粉中加入水跟鹽並適當搓揉後，蛋白質就會纏在一起，麩質也會好好成形，嚼勁也會增加。

但只是在小麥粉中加入水跟鹽並加以搓揉，並不會變成烏龍麵，**烏龍麵糰要成為烏龍麵，需要讓麵糰靜置熟成**。透過「熟成」，烏龍麵會產生彈性跟黏性，有強烈嚼勁，另外，水分也會充分進入小麥粉粒子中。

熟成需要的時間一般是2～3小時左右，靜置太久的話，會熟成過度並開始發酵，而分解酵素會讓麵糰變得容易斷掉。

○蕎麥麵的製作法

蕎麥粉加水揉製後做出的圓盤狀產物就是**蕎麥麵團**，細切後變成長條狀的東西則是**蕎麥麵**。蕎麥粉就算加水揉製後，黏性還是很低，不容易凝聚成麵糰。因此要再加上「**黏著粉**」。

當然，也可以做出100％蕎麥粉的蕎麥麵，那就稱為十

割蕎麥，九割蕎麥的意思是九成蕎麥粉，二八蕎麥就是使用了八成的蕎麥粉。

一般當成黏著粉的是小麥粉，而且是含有一定程度麩質量的中筋麵粉。也很常使用山芋中的自然薯（一種山芋）或蛋，其中也有使用像牛蒡葉那種纖維多的葉子，透過纖維來黏著的。

有點特別的是新潟的板箱蕎麥，這是使用了海藻中的布海苔。板箱指的是過去放魚用的淺箱子，這種蕎麥端出來給客人時不是使用常見的竹淺筐，而是裝在木板箱中端出來，所以才有此名稱。

製作烏龍麵時雖然會使用鹽，但製作蕎麥的時候不會使用。因此，煮蕎麥的熱水可以在餐後當成「蕎麥湯」來喝。蕎麥湯含有蕎麥中溶出的維生素等，但是煮烏龍麵的熱水會溶解出鹽，所以很鹹沒有辦法喝。

○葛粉麵、冬粉、Malony、米粉

來看看除了烏龍麵、蕎麥以外，日本家庭也常吃的麵類製作方法吧。

葛粉麵是用在第9章第3節看過的葛粉所製作的，在葛粉中加入25％左右的水，為了讓它均勻，必須好好攪拌，再將混合後的液體放在淺的金屬容器中，倒入厚度約5mm左右的量，然後將整個金屬容器放入90℃的水中加熱。

液體表面乾燥凝固後，就將整個容器沉入熱水中，等到液體部分再度變得透明就可以拿出來，把液體部分（凝固成

固體）取出放入冷水，就完成了葛粉麵。之後切成像名古屋名產「碁子麵」那樣細長狀，再淋上黑蜜就完成了。

　　冬粉跟 Malony 是用片栗粉，以類似葛粉麵的做法就能做出來，做出的麵再經過乾燥就會變成冬粉或 Malony。米粉也是同樣做法，只是使用了米粉。

　　冬粉也有使用冷凍法來製作的，這就是讓未乾燥的冬粉冷凍後使水分凍結，之後又溶解，跟之後會再提的高野豆腐是同樣的做法，因此會變得多孔狀，讓味道更容易滲入。

食 品 之 窗

烏龍麵的煮法

　　烏龍麵會放到熱水中燙，當然，烏龍麵的表面會先變熱，變得柔軟。期間表面的澱粉會溶解，並產生泡泡。但是烏龍麵很粗，所以內部還沒有充分煮熟。

　　這時要在熱水中加入冷水，也就是「添冷水」。鍋裡加入冷水後，熱水溫度會下降，麵表面的澱粉不會再溶出來，也會停止冒泡，但溫度會漸漸傳到內部，讓麵芯也煮透。

　　煮好後把烏龍麵放入冷水中，也就是讓它「緊實」。這有雙重意義。一是跟添冷水同樣的原理，由於麵的表面一定會先變熱、變軟，這時雖然加上冷水去除掉表面的熱度，但是熱會傳到內部，讓內部持續變軟。

　　另一個原因是去除手粉。烏龍麵在切麵糰時會灑上所謂的手粉，也就是小麥粉，煮烏龍麵的時候，手粉也還是會殘留在烏龍麵表面，讓口感變差。所以用冷水把手粉沖掉。

　　另外，也有不用這麼麻煩，直接持續煮上1小時的烏龍麵。三重縣伊勢地區的伊勢烏龍就是這樣。這種烏龍麵煮好後會漲成直徑有1cm的粗烏龍麵，雖說是用了蛋白質少的小麥，但其他製程沒有什麼特殊加工。

　　因此煮1小時的烏龍麵，表面跟芯都完全煮得熟爛，完全沒有嚼勁。對於認為「讚岐烏龍麵才是烏龍麵」的人來說，這就是感覺失去嚼勁的烏龍麵吧。

　　這種烏龍麵會搭上偏甜的醬油來食用，沒有配料，只有烏龍麵跟醬油而已。以前好像是店家的學徒在吃的食物，去伊勢旅行的時候，也請務必試試看。

9-6

 麵包跟麵的營養價值如何？

——跟原料的營養價值沒有差別

　　麵包、麵類的營養價值整理在下表。無論是麵包或麵，都只是將原料的穀物製成粉再加熱而已，所以營養價值跟原料穀物沒有差別。所以**烏龍麵是使用低筋麵粉，中華麵是中筋，義大利麵是高筋的營養價值**就這樣直接沿用下來。

圖 9-2 ● **麵包、麵類的營養價值**

每100g

	熱量	水分	蛋白質	全脂質	飽和脂肪酸	膽固醇	碳水化合物	食物纖維	食鹽相當量
	kcal	g	g	g	g	mg	g	g	g
乾烏龍麵	348	13.5	8.5	1.1	（0.25）	（0）	71.9	2.4	4.3
乾中華麵	365	13.0	10.5	1.6	（0.37）	（0）	73.0	2.9	1.3
乾義大利麵	378	11.3	12.9	1.8	0.39	（0）	73.1	5.4	0
乾蕎麥麵	344	14.0	14.0	2.3	（0.49）	（0）	69.6	4.3	0
低筋麵粉	367	14.0	8.3	1.5	0.34	（0）	75.8	2.5	0
中筋麵粉	367	14.0	9.0	1.6	0.36	（0）	75.1	2.8	0
高筋麵粉	365	14.5	11.8	1.5	0.35	（0）	71.7	2.7	0
麵包粉（生）	280	35.0	11.0	5.1	2.20	（0）	47.6	3.0	0.9
吐司	260	38.8	9.0	4.2	（1.83）	（0）	46.6	2.3	1.2

出自日本食品標準成分表（7版）　　　　（數值）＝推測值，（0）＝根據文獻等推測不含此成分

結果是義大利麵的蛋白質量比烏龍麵多。

這或許是義大利麵味道較濃郁的原因也說不定。麵包所製作的麵包屑，營養價值跟高筋麵粉相似，熱量跟碳水化合物量變得比較低，應該是因為水量變多的結果吧。

食品之窗

能稱為「蕎麥」的基準很難以理解？

非乾麵條的蕎麥麵的定義，是根據日本〈不當獎品及不當標示防止法〉中的〈生麵類標示相關公平競爭規約〉來制定。根據這個規約，只有用了「30％以上蕎麥粉」的成品可以標示為蕎麥。換言之，就算是使用31％蕎麥粉、69％小麥粉的反七三蕎麥麵，在法律上也可以叫做蕎麥麵。

講到乾麵條的蕎麥麵，就有很多這類狀況，根據JAS法中的「乾麵標示」相關規定，蕎麥粉的配方比例必須標示出來，但蕎麥粉超過3成後就沒有必要標示，所以蕎麥粉31％的「薄蕎麥」，跟100％的「純蕎麥」，都可以使用同樣的標示。

甚至，蕎麥粉不到10％的產品，似乎只要寫上「未滿10％」就可以了。當然0％是不行的，但如果只加入0.1％，也可以寫成「未滿10％」，真是讓人費解的規定。

點心、飲品
增添用餐樂趣

10-1

和菓子的種類及營養價值

——基本上是以米或紅豆等「植物原料」來製作

　　日本傳統點心稱為**和菓子**。反映了長久傳統文化的和菓子種類也很多，我們就從製作角度來分類看看和菓子吧。

○生菓子

　　含有水分的點心稱為「生菓子」。

● **餅類**：基本上是使用糯米、粳米及米粉製作的餅狀點心。有糯米糕、萩餅（牡丹餅）、大福、團糰子等。

● **蒸物**：用米之類原料製作的粉加上水、砂糖來揉成麵糰。麵糰成形後才蒸，或者是使用蒸過的麵糰來製作。有日式饅頭、蒸羊羹、蒸蜂蜜蛋糕、外郎糕等。

● **練物**：將豆餡或糯米粉等加上砂糖或麥芽糖混合而成，例如練切（nerikiri）、求肥等。

● **燒物**：將麵糰烘烤成形。今川燒、鯛魚燒、銅鑼燒等，其他還有蜂蜜蛋糕、煎餅等。

● **流物**：主材料為寒天或豆餡等，把有流動性質的麵糰流入模型中加以凝固。有羊羹、錦玉羹（金玉羹）等。

○半生菓子

含有水分，但含水量沒有到生菓子那麼多的點心。

● **餡類**：含有豆餡。像最中、鹿子餅等。「鹿子」這個名字就是因為四季豆（金時豆）的豆粒等毫無空隙排列的樣子，會讓人想到鹿背上的斑點。

● **岡物**：將餅物、燒物、練物等不同做法做出的麵糰加以組合的產物。最中、鹿子餅等也算。

○乾菓子

將穀物粉跟砂糖混合而成，製造過程中沒有加水。

● **打物**：在微塵粉（參照下一節）等粉類中加上砂糖、蜜等並倒入木製模型中加壓凝固。如落雁、乾菓子等。

● **澆物**：把炒豆等淋上砂糖液一類的點心。例如粗粄，或是埼玉縣傳統和菓子，灑滿柔軟又好吃的黃豆粉的五家寶等。

● **炸物**：用油炸來製作的點心，如花林糖、紅豆甜甜圈等。

● **糖類**：以砂糖或麥芽糖為原料，煮過冷卻凝固的產物，有糖球、用砂糖及糖漿做成的有平糖等。

和菓子的主原料為米粉跟豆餡，其他也使用砂糖或糖漿作為甜味來源，但那是為了調味的配角，米粉則分成糯米、粳米（普通的米）製造的 2 個種類。我們來看看有什麼樣的粉吧！

○糯米製作的粉

　　「餅粉」「白玉粉」「道明寺粉」「新引粉」「微塵粉」原料全都是糯米，只是名字不一樣罷了。不論哪種都是黏性高、有糯米特性，那差別在哪呢？

● **餅粉**：又名求肥粉。糯米中不加水，生的狀態下製成粉的就是「餅粉」。餅類點心或求肥、糯米糰子（混入上新粉）等會使用。

● **白玉粉**：又稱為寒曬粉，將糯米邊加水邊碾碎，乾燥後的就是「白玉粉」。這也用作求肥或白玉團子的材料。

● **道明寺粉**：糯米蒸熟乾燥後的東西粗略磨成粉，用在櫻餅或霙羹上。

● **新引粉**：將糯米細細搗碎、烤過的東西，落雁會使用。

● **微塵粉**：又稱寒梅粉，把餅烤過後磨碎製成。會當成各種麵糰的黏著材料來使用。

○用粳米製作的粉

● **新粉**：粳米在生的狀態下直接製粉，依據顆粒大小名字會有所不同。**新粉的顆粒最大，接下來是上新粉，最小顆的是上用粉**。上新粉會用於草餅或柏餅，上用粉用在外郎糕，或者混入薯蕷做成薯蕷饅頭等。

○用米以外的原料製作的粉

● **葛粉**：前面提過的葛根的澱粉，因葛粉麵而有名。

● **片栗粉**：原本是從豬牙花的根採集來的澱粉，但現在都是

馬鈴薯的澱粉了,也是乾菓子的原料。

● **黃豆粉**:炒過黃豆後磨成的粉。除了用普通的黃豆做出的(一般)黃豆粉外,也有用青豆等特殊大豆做的「青豆粉」。

● **蕨粉**:從蕨的根採集的澱粉,用在蕨餅。

● **香煎**:炒過的小麥磨成的粉,混入砂糖就稱為香煎,當成給小孩子食用的粉末。

講到和菓子就一定會提到豆餡。豆餡有很多種類,怎樣的原料可以如何做出「豆餡」呢?

○依據原料產生的差異

首先就來看看原料的不同吧。

● **紅豆餡**:正如其名是使用紅豆的餡,<u>**紅豆餡是最常見的餡**</u>。

● **白餡**:使用手亡豆(白色四季豆)、四季豆等「白色的豆」來製餡,加上顏色也可以用作練物的材料,被當成各種和菓子的基底材料。

● **鶯餡**:使用豌豆的餡。

● **毛豆餡**:壓碎毛豆,混入砂糖的餡。是日本東北地方的特產,特色為綠色以及毛豆特有的香氣,會用在毛豆泥麻糬(ずんだ餅)等。

○依據製造法產生的差異

同樣是原料,依據製作法也會成為不同的餡。

● **粒餡**:紅豆餡的原型,豆子顆粒保留下來的餡。

● **紅豆泥(碎餡)**:將煮過的紅豆壓碎,不去除豆皮而保留在餡中。

● **紅豆沙餡(濾餡)**:又稱曬餡。碾碎紅豆後,會用細濾網來過濾掉豆皮。

● **小倉餡**:將碎餡或紅豆沙加上蜜煮過後醃漬,再加上大納言紅豆的特殊餡。

和菓子的營養價值整理在下表,幾乎所有數值都跟原料的穀物沒有很大差別。

── 圖 10-1 ● **和菓子的營養價值** ──

每100g

	熱量	水分	蛋白質	全脂質	飽和脂肪酸	膽固醇	碳水化合物	食物纖維	食鹽相當量
	kcal	g	g	g	g	mg	g	g	g
練切(nerikiri)	264	34.0	5.3	0.3	(0.04)	0	60.1	3.6	0
羊羹	296	26.0	3.6	0.2	(0.02)	0	40.0	2.2	0
落雁	389	13.0	2.4	0.2	(0.06)	0	94.3	0.2	0
瓦煎餅	398	4.3	7.5	3.5	(0.92)	110	84.0	1.1	0.3

出自日本食品標準成分表(7版)　　　　　　　　　　　(數值)=推測值

落雁使用砂糖所以熱量較高，但練切（nerikiri）、羊羹的熱量沒有那麼高。小麥粉製作的煎餅（瓦煎餅）的膽固醇異常高，原因不明，可能是樣品的特殊性也說不定。總體而言，可以說和菓子是低脂質的食品吧。

食品之窗

和菓子 = 米跟豆的點心

和菓子的特色是原料只使用了植物。說是植物，傳統和菓子使用的植物種類也有限，幾乎所有的原料都是米、紅豆等豆類而已。

雖然也會使用小麥粉，有鯛魚燒、章魚燒、花林糖等，但這些不是傳統的和菓子；也會使用葛粉、片栗粉、蕨粉，但在和菓子中只是小眾；另外還有竹葉、櫻葉、柏葉、牛蒡蜜漬等也會使用，但也是算少數的例外。

只用米、紅豆這麼少的材料，就能創造出這麼豐富的作品，和菓子的奧妙實在驚人。

西點的種類跟營養價值

——使用動物性原料所以熱量高

外觀美麗、大量使用水果的西點很受到女性跟小孩歡迎。西點的種類十分多樣，以下就列舉主要的種類吧。

○生菓子

以海綿作為蛋糕基底，或是除了麵包以外未經加熱加工的蛋糕就稱為「生菓子」。

● **海綿蛋糕類**：以小麥粉跟蛋做成的海綿蛋糕為基體，是西點的基本。海綿蛋糕膨脹的原因是因為原料中的蛋被打發的關係，烘烤麵糰後，泡泡中的空氣就會膨脹變成氣泡，形成海綿的結構。海綿蛋糕表面多會加上奶油、水果等裝飾，有英式奶油蛋糕（shortcake）、蛋糕卷、裝飾蛋糕等。

● **奶油（butter）蛋糕類**：麵糰中使用奶油的蛋糕。有依照「小麥粉：奶油：砂糖」的等量比例製作而成的磅蛋糕、混入果乾的水果蛋糕、加入起司的起司蛋糕等。

● **泡芙類**：在中間形成空洞的烘焙點心中注入奶油等的甜點。泡芙的皮（法語稱chou）會膨脹的祕密，就是煮麵

糰。煮的步驟會使麵糰的黏性跑出來，將內部產生的水蒸氣鎖在裡面，因此皮膨脹後內部會形成空洞，有泡芙、閃電泡芙（éclair）等。

● **派類**：派是將小麥粉的麵糰跟奶油交互折疊並烘烤的點心。像這樣的麵糰在爐裡烤後，奶油會溶化並滲入麵糰中，讓空隙的水汽化並膨脹，產生許多空隙，成為酥酥的派。代表性的派有法式千層酥、蘋果派等。

● **鬆餅類**：將小麥粉、蛋、奶油、牛奶、砂糖、酵母菌等混在一起發酵後的麵糰，倒入刻成格子狀的兩片鐵板（waffle鬆餅模具）中烤出來的點心。比利時的格子鬆餅很有名。

● **發酵點心類**：在類似麵包的麵糰中讓酵母菌發酵後做出的蛋糕。像是浸在蘭姆酒等裡面的薩瓦蘭蛋糕，或是丹麥麵包等。

● **點心**：布丁、巴伐利亞奶油、慕斯、果凍。

● **料理點心類**：披薩餅、肉派。

● **冰淇淋**：將奶油、砂糖、蛋混合後冷凍的點心。附在棒上的類型在日本稱為冰棒。除了糖以外，加入果汁或酸味的有時也稱為雪酪（雪寶）。

○乾菓子

基本上不含水分的點心。

　　● **糖果**：水果糖、牛奶糖等。

　　● **巧克力類**：各種巧克力。

● **餅乾類**：酥香餅乾（biscuit）、乾麵包、蘇打餅等。
酥香餅乾（biscuit）的原意是指烤兩次的麵包。

● **點心類**：洋芋片、爆米花等。

西點的營養價值整理在下表。除了果凍以外的高熱量很
值得注目，含有很多脂肪，所以飽和脂肪酸的量也相當高，
當然，膽固醇也變多。或許不用說也知道，應該要小心不要
吃太多。

── 圖 10 - 2 ● 西點的營養價值 ──

每100g

	熱量	水分	蛋白質	全脂質	飽和脂肪酸	膽固醇	碳水化合物	食物纖維	食鹽相當量
	kcal	g	g	g	g	mg	g	g	g
英式奶油蛋糕（shortcake）	327	35.0	7.1	13.8	（5.26）	140	43.6	0.6	0.2
起司蛋糕（生）	364	43.1	5.8	28.0	（16.93）	─	22.1	─	0.5
美式鬆餅	261	40.0	7.7	5.4	（2.07）	84	45.2	1.1	0.7
奶油蛋糕（buttercake）	443	20.0	5.8	25.4	（14.64）	170	47.9	0.7	0.6
洋芋片	554	2.0	4.7	35.2	（3.86）	Tr	54.7	3.4	1.0
牛奶巧克力	558	0.5	6.9	34.1	19.88	19	55.8	3.9	0.2
橘子果凍	89	77.6	2.1	0.1	（0.02）	0	19.8	0.2	0
冰淇淋	212	61.3	3.5	12.0	7.12	32	22.4	0.1	0.2

出自日本食品標準成分表（7版）　　Tr＝微量，（數值）＝推測值，－＝沒有分析或者分析困難

洋芋片明明是高熱量、高脂肪，但膽固醇卻只有微量，這是因為原料（馬鈴薯）是植物。果凍的原料是蛋白質的膠原，也是純蛋白質的產物，所以除了蛋白質以外幾乎都是0。

食品之窗

古代跟現代不一樣的奶油

提到西點就會想到鮮奶油，也有點心會裹上打發的奶油。奶油分為鮮奶油跟奶油，鮮奶油就算放到冰箱冰過也還是膨膨的，但是奶油變冷就會變硬，口感比較差。

以前的耶誕蛋糕裝飾是以奶油為主，奶油冷卻後變硬，沒辦法精密地成形。因此過去裝飾蛋糕的玫瑰花等，都是靠師傅的手藝做出來的，令人捨不得吃掉。

但是這種蛋糕吃下去後其實沒那麼好吃，那是因為以前的奶油原料不是奶油，主要是氫化油製造的起酥油較多。

現在點心使用的奶油都是真正的奶油，應該可以成為忠實呈現奶油風味的好吃點心才是。

用科學來看味道跟香氣

——有味道的分子和沒有味道的分子差別是？

如果經過和菓子店前面，不會聞到什麼氣味。但是經過西點店前面時，就算閉著眼睛也能聞到那獨特華麗的香氣。這些味道、香氣究竟是怎麼來的呢？

蛋糕的味道中代表性的就是**香草**的香氣。香草是一種名為香莢蘭，長可達60m的藤本植物，香草則是從長達30cm的細長豆子（香草莢）中採集出種子，但這樣是不會有香氣的，還要給予溼氣並使之發酵來產生香氣。

香草的味道來源是名為香草醛的分子，但這是可以合成的，香莢蘭也可用在香水等化妝品中，2001年全世界的香草醛消費量可達1萬2000噸，但天然產物只占其中不到1800噸，其他都是合成的。

肉桂也是蛋糕不可或缺的味道，肉桂是一種名為桂皮的植物的樹皮，肉桂的**氣味分子**是名為桂皮醛的物質，這雖然也已經找到化學合成的方法，但工業上是將桂皮油透過水蒸氣蒸餾來取得桂皮醛。

蛋糕不可或缺的還有巧克力，巧克力吃起來很美味，但

香氣也不比味道差，擁有非常棒的香氣。但是跟香草和肉桂不同，沒有「這就是巧克力香氣」的專屬氣味分子，巧克力的香氣是由許多氣味混合而成的。

西點中也用各種利口酒來增添味道層次，經常使用的是蘭姆酒，那是用甘蔗殘渣發酵得到的釀造酒再經過蒸餾的產物。這個情況下也沒有所謂「這就是蘭姆酒的氣味」的氣味分子。

氣味跟氣味分子的關係很複雜，還不清楚詳情。但是氣味分子會跟鼻中嗅覺細胞的分子膜結合，因而產生出氣味，這件事是可以肯定的。

圖10-3的A是以香味聞名的麝香的氣味分子「麝香酮」。從化學的角度來看是什麼特殊之處都沒有的環狀分子，為什麼這個分子會迷倒人，實在很不可思議。

圖中的B跟炸彈中有名的三硝基甲苯（TNT）相似，這也會發出麝香的味道，原因不明。

圖 10 - 3 ● 放出麝香味道的麝香酮

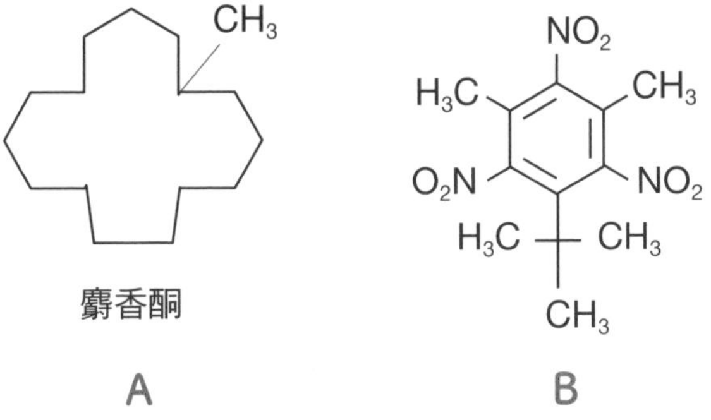

麝香酮

A

B

接下來的圖10-4的C是薄荷（Mint）的氣味分子「薄荷醇」。圖中標示出鍵的實線、楔形實線、楔形點線，都標示「鍵的方向」。看這張圖就能看到C的右側畫的7個分子全都跟C是以同樣順序結合原子的，但是表現鍵的記號全都跟C有微妙的不同，也就是說全都是C的立體異構物。

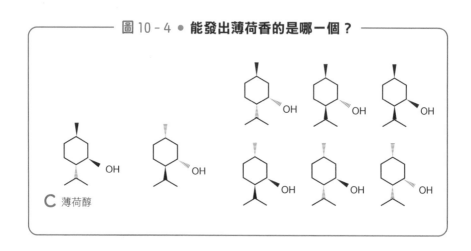

圖10-4 ● 能發出薄荷香的是哪一個？

C 薄荷醇

圖中8種分子中有薄荷香味的只有一種，就是C。其他7種不會發出薄荷的香味。

為什麼明明這麼像卻會發生這種事呢？這可以用「鑰匙和鑰匙孔」的關係來思考，也就是鑰匙（氣味分子）跟鑰匙孔（分子膜上的受體）的立體關係。

現在暫時以下一頁圖10-5的D的氣味分子為例吧。D的置換基X、Y、Z全都跟受體的結合位點x、y、z互相咬合並形成鍵（圖的上下）。

然而，右邊的立體異構E受體位置無法吻合。基於這點，就算D有氣味，E也不會發出氣味。

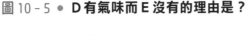

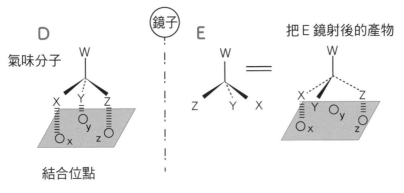

D 氣味分子

鏡子

E 把 E 鏡射後的產物

結合位點

食品之窗

生物跟味覺、嗅覺

生物是為了「生存」而生，不會去問「活著的理由」，會問的只有人類。為了活下去而必須打倒敵人的武器，那就是「毒」。

還有一個是生存必要的東西，那就是「察覺敵人的感應器」，味覺跟嗅覺就是這種，味覺是毒的感應器，可以說苦、辣也是為此而存在。

另一方面，嗅覺可以提早察覺到靠近的敵人，即使濃度低也能感知是必要的。味覺是將大量物質（食物）放入口中後才感覺得到，相對地，嗅覺可以聞出空氣中漂著的無法看到的微量物質，這種敏銳度，是味覺無法與之相比的。

茶、咖啡的科學

——綠茶跟烏龍茶、紅茶有什麼不同？

茶、咖啡、巧克力等都含有**咖啡因**成分。咖啡因的量會與沖茶的方式跟巧克力種類等而有所不同，但一般如表內所呈現的那樣。

圖 10 - 6 ● **咖啡因的成分有多少？**

咖啡因量	mg/100g
玉露	160
煎茶	20
烏龍茶	20
紅茶	30
咖啡	60

出自全日本咖啡協會網頁

咖啡因帶有興奮作用，也就是效果較弱的興奮劑。因此，<u>攝取量規定是成人每日400mg，孕婦或哺乳中的女性是每日200mg</u>。咖啡因可以說是世界上最廣為使用的興奮劑了吧。

適量攝取咖啡因的話，會帶來適度的提神作用，但如果攝取過剩，就會出現失眠、頭暈等症狀。如果為了避免這樣的事發生而減量或停止攝取的話，則會產生頭痛、缺乏注意力、想吐、肌肉痠痛等戒斷症狀。

○日本茶（和茶）

日本茶是用熱水沖泡茶樹的嫩葉後喝下的飲品，有許多種類。

- **綠茶**：綠茶中有煎茶、抹茶、番茶、焙茶等許多種類，一般說到**日本茶（和茶）的話，就是指把摘下的茶葉蒸過後揉捻**而成。

  為什麼要蒸茶葉，是因為加熱的話會讓茶葉中的酵素失去活性，如果不讓它失去活性，就會持續發酵最終變成紅茶。揉捻是為了破壞茶葉的細胞壁，而破壞細胞壁則是為了讓細胞內部的有用物質較容易溶解到熱水中。有沒有經過發酵就是「日本茶（和茶）」跟其他茶（烏龍茶、紅茶）的差別。

- **碾茶**：另一方面，蒸過後不揉捻而直接乾燥的產物，在日本叫做碾茶。一般認為最初從中國傳入日本的茶就是碾茶，將碾茶用臼磨成細粉後就是抹茶。

○烏龍茶、紅茶

- **烏龍茶、紅茶**：摘下的茶葉揉捻後，就這樣放置的話，會因茶葉中的酵素而開始發酵。在適當期間內停

止發酵的稱為烏龍茶，發酵到最後階段的是紅茶。**揉捻是為了讓茶葉中的氧化酵素引出到外部，並促進氧化發酵。**

　　綠茶因酵素失去活性，不管放置多久都不會發酵。所以如果「綠茶」用帆船輸送到英國的期間裡發酵成「紅茶」，這種故事當然不是真的。運送的應該不是「綠茶」，而是「綠色的茶葉」吧，是因為酵素沒有失去活性，所以發酵還會繼續。

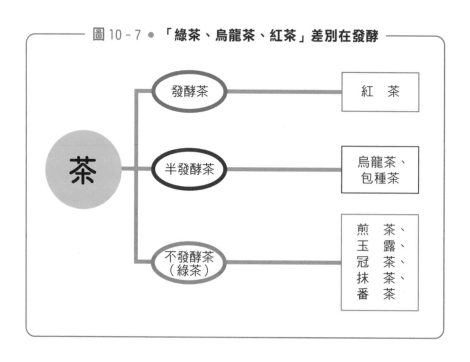

圖 10-7 ● 「綠茶、烏龍茶、紅茶」差別在發酵

茶

發酵茶 ——— 紅茶

半發酵茶 ——— 烏龍茶、包種茶

不發酵茶（綠茶）——— 煎茶、玉露、冠茶、抹茶、番茶

○咖啡

　　咖啡是咖啡樹的種子（咖啡豆）經過烘焙後，磨碎並用熱水沖泡的飲品。這樣來看，或許可說是一種未加工的原始

飲料也說不定。

最近從咖啡裡發現有名為咖啡酸、跟桂皮醛類似的物質，這有可能會是咖啡的香氣、味道的來源物質，所以目前持續進行研究。

印尼有一種麝香貓咖啡。這是野生的麝香貓吃下咖啡果實後，未經消化就跟著糞便一起排出來的咖啡豆，似乎是因貓的腸內細菌進行發酵而產生出特別的香氣。

○巧克力、可可

固體的巧克力和液體飲料的可可，本質上是同樣的東西，英語圈是將可可稱為熱巧克力。

巧克力是由高10m的可可樹上生長的可可果製成的，可可果是長約20cm、直徑約7cm的紡錘形果實。可可果實中有20～50粒左右的種子（可可豆）。

把可可豆經過烘焙後，剝去皮並將可可豆磨碎變成糊狀的東西，就叫做可可液，可可液中含有40～50%的脂肪，稱為可可脂。

- **巧克力**：將可可液加入砂糖及可可脂熬出的東西是巧克力，而只用可可脂做成的東西就是白巧克力。
- **可可**：另一方面，從可可液中去除掉一定程度脂肪的產物，就叫做可可粉，如果再加上砂糖或牛奶的話就會變成可可。

 10-5

🍰 酒的種類與知識

——從葡萄糖發酵成酒精

雖然酒是否算是食品還有待商榷，但這邊也多少提及一點吧。

酒是含有乙醇（CH_3CH_2OH）的飲料，因此應該算是「乙醇兌水＋α」，「α」是指味道跟香氣。

酒精中含有的乙醇量是用體積％來表示，也就是指酒中含有的乙醇體積除以酒的整體體積，並將該數值化為百分比。日本不用「％」來稱呼這個數字，而是用「**度**」來表示，也就是説日文中15度的酒就是15％的意思，也就是100ml的酒中含有15ml的乙醇。

乙醇的比重是0.789，比水還輕，所以酒的乙醇含量如果用重量％來標示，那這個數值會比現在標示的度還要小1～2成。

酒是透過使用酵母將葡萄糖轉化為酒精的發酵來釀造。我們來看看幾種酒的釀造法吧。

○葡萄酒

酵母在自然界是隨處都有的細菌，會飛到植物的葉子上或空氣中，葡萄葉、果皮上也都有酵母附著。葡萄的果實含有很多葡萄糖，所以如果把葡萄壓碎保存，就算放著不管也會自己變成葡萄酒，要讓它不變成葡萄酒還比較困難。

○日本酒、啤酒

但是，米跟麥是不含葡萄糖的穀物，含有葡萄糖的是澱粉。所以如果想讓米或麥中的酵母進行酒精發酵的話，必須先讓澱粉水解成葡萄糖才行。扮演這個角色的，如果是日本酒就是麴，而麥做成的啤酒或威士忌的話，則是讓麥發芽的麥芽中含有的酵素。

所以用穀物釀酒的狀況下：

①將澱粉水解變成葡萄糖

②讓葡萄糖發酵成酒精

必須有這兩階段的反應。日本酒是這兩個階段同時進行的酒，啤酒是①結束後才進行②，是按照順序製造的酒。

像葡萄酒或日本酒那樣，透過酒精發酵釀造出來的酒，一般稱為**釀造酒**。馬格利、紹興、啤酒都是如此。

○蒸餾酒

但是釀造酒的酒精度數充其量也就是15%（15度）左右。因此有讓釀造酒蒸餾後只留下酒精成分高的部分來製成的酒，那就是蒸餾酒，白蘭地、威士忌、燒酒、伏特加、蘭

姆等最為出名。

　　蒸餾酒的度數不受到限制，只要有需求的話也可以接近100%，但是現在市售的蒸餾酒大概都在40～50度。

　　製造蒸餾酒時可能會有的問題，反而在於「能否降低蒸餾的精度」，也就是說因為用現代工業技術（連續蒸餾法）蒸餾釀造酒的話，會製造出純粹的乙醇，也就是可以做出100%、100度的酒。但是乙醇100%的話那就是乙醇本身了，不算是「乙醇兌水＋α」的酒。

　　換言之，單純讓酒變得像乙醇會讓酒的風味喪失。也就是說不管是白蘭地或威士忌都會變成同樣的味道，這就不會產生「酒的」文化。所以留下原料的釀造酒的味道跟香氣，也就是一邊保留 α 一邊進行蒸餾，這就是「**精度低的蒸餾**」，反而追求跟現代工業相反的思考方式。製作蒸餾酒的人實際上大費腦筋的，反而應該是在這個環節吧。

　　用實際的故事來舉例的話，日本代表性的燒酒有分成甲類跟乙類，甲類是用現代連續蒸餾法製造的蒸餾酒（乙醇），度數可以毫無限制地提升，但是根據法令，酒精濃度不能超過36度，因此甲類蒸餾酒實際上是經過加水調整的酒。

　　另一方面，乙類是用舊式的單式蒸餾法製造的，蒸餾次數只有1次，因此酒精度數不容易上升，度數也被規定在45度以下。如果要使用梅酒等作為利口酒，沒有太多特性的甲類就很適合。

○利口酒

在蒸餾酒中浸入水果，抽出水果菁華的稱為利口酒。日本的梅酒就可說是利口酒的傑作，世界各地有把中亞苦蒿加入酒中的苦艾酒，還有加入杜松子果實的琴酒等許多種類的利口酒，但是酒漬的東西不一定是植物，沖繩也有放入有毒蝮蛇的蛇酒。

○雞尾酒

說到雞尾酒，就是從所有酒中選擇喜歡的酒，再混入喜歡的果汁等混合成的酒精飲料。

雞尾酒的種類有無限多，為人所熟知的是琴蕾（Gimlet，琴酒＋萊姆）、紅磨坊（白蘭地＋鳳梨汁、香檳、鳳梨切片一片＋櫻桃一個）、武士（日本酒＋萊姆汁＋檸檬汁）等應有盡有，大家也不妨試試做出獨創的雞尾酒。

食 品 之 窗

用牛奶做成的酒的故事

　　奇特的酒類中包含了馬乳製作而成的馬奶酒（蒙古）。說到用奶做成的酒，可能會誤以為「是用蛋白質做的酒嗎」，但並非如此。馬乳中含有7%左右的乳糖，乳糖是由葡萄糖跟半乳糖組成的雙醣類，酒就是從這個葡萄糖來進行酒精發酵的。

　　酒精度數充其量不到2度，但是再蒸餾後的蒙古奶酒（相當於蒙古的伏特加）會成為7～40度的蒸餾酒。

　　有中國國酒之稱的茅台，雖是從高粱釀成的酒，但有強烈的香氣。

　　做法是把蒸過的高粱加上麴跟酵母並放入甕中，這裡講的應該是地窖，也就是窖藏發酵，就是不加水。因此，發酵會以飯那樣的固體狀態下進行，這就稱為**固體發酵**。

　　發酵持續進行下去後飯會變成粥的狀態，根據地區不同也有將吸管直接插入並吸取液體部分的文化。茅台酒是將這種酒放進蒸籠裡蒸，來蒸餾酒精部分，這個方法一般稱為**水蒸氣蒸餾**。

　　茅台的度數以前是65度，近年來下降到45度了，以這種度數來說意外地會喝醉，可能除了乙醇以外還混有其他會讓人喝醉的成分也說不定。

第 **11** 章

用科學角度
看待改良過的食物

了解冷凍乾燥食品的原理

──不經過高溫而可以「乾燥」的祕密方法

加工食品中有無法從加工品去推測原料的產品，也有雖然知道原料，但完全無法想像是如何製作的食品，這裡就來看看這些感覺很不可思議的加工食品的原料和做法吧。

將即溶咖啡的粉末放進杯子裡後加上熱水，馬上就會冒出咖啡的香氣。另外，在杯麵裡加入熱水後等3分鐘，也可以馬上完成有著薄薄叉燒的拉麵。**冷凍乾燥食品**已經深深扎根在我們的日常生活裡。

這個「冷凍乾燥」是什麼意思呢？「冷凍（freeze）」是指低溫凍結，而「乾燥（dry）」就是指乾燥。

為了讓咖啡乾燥必須去除水分，而為了去除水分不得不讓它沸騰，因此必須以100℃以上的溫度持續加熱，讓咖啡的水分都蒸發掉才行。但如果這麼做，咖啡就會在這個階段釋放出驚人的香氣。然而，就像煮到爛的拉麵那樣，已經很難說是拉麵了。

那麼，有沒有**不加熱就能讓水分蒸發**的辦法呢？有的！

提示是乾冰。水在0℃以下的低溫會結成固體（冰），

加熱到熔點（0℃）後，就會溶解變成液體的水，達到沸點（100℃）的話，就會沸騰變成氣體（水蒸氣）。也就是說，隨著溫度上升會產生「固體→液體→氣體」的變化。

另外，二氧化碳的固體（結晶）乾冰，在低溫下是固體，但在室溫中是氣體，也就是「固體→氣體」。固體沒有經過液體狀態就直接變成氣體了，像這樣的變化一般稱為**昇華**，放在衣櫃裡的防蟲劑萘等也可以看到同樣的現象。

那麼水也可以讓固體（冰）直接蒸發成氣體嗎？這也是辦得到的！

就如第1章第1節所見到的那樣，也就是在真空（低壓）環境下就可以辦到。水在0.06氣壓下會以0.01℃以下的溫度進行昇華。也就是冰不會變成水，而會直接變成水蒸氣逸失掉。

這就是**冷凍乾燥原理**。只要應用這個原理，就能讓咖啡在冷凍狀態下變得乾燥，咖啡的香氣不會受損，泡麵中的麵跟叉燒也是一樣的。

豆腐的製作過程

——豆腐是一種膠體

「豆腐」的製程一直都很神祕。為什麼那麼堅硬的大豆，會變成又白又軟的豆腐呢？

豆腐的製作方法很簡單。將大豆浸上一晚的水後，把變軟的豆子攪成泥，加熱後再用布扭緊過濾，這時絞乾剩下的**固體部分為豆渣，液體部分則是豆漿**。

這個液體的部分（豆漿）再加熱到70℃左右後，加上鹵水（硫酸鎂$MgSO_4$等）等水溶液，經過數次的攪拌後靜置。豆漿會凝固，這時就放入專用的瀝水容器。從瀝水孔瀝出水分的時間點上，再蓋上蓋子，放置重物，能將水分瀝得更徹底。直到水不再流出後，就把豆腐從容器中取出，浸到冷水中去除鹵水就完成了。

如果持續加熱豆漿，豆漿表面會浮出膜狀的東西，把這些用筷子等撈起來就變成**豆皮**，可以像生魚片一樣，直接沾醬油享用。把豆皮乾燥後就會變成乾豆皮，用水就能還原並用在清湯或燉煮的料理等各種料理上。

將豆腐薄切並烘烤的烤豆腐，可以用在壽喜燒等料理。另外，薄切後經過油炸的是油豆腐，可以直接吃，也可以塞

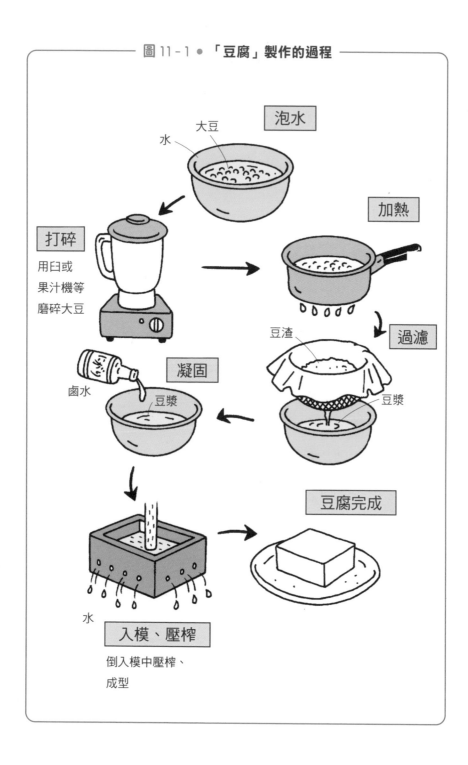

圖 11-1 ● 「豆腐」製作的過程

泡水

水 大豆

加熱

打碎
用臼或
果汁機等
磨碎大豆

豆渣

過濾

凝固

鹵水 豆漿

豆漿

豆腐完成

入模、壓榨
倒入模中壓榨、
成型

水

入醋飯做成稻荷壽司之類的料理。把豆腐搗碎後調味，跟熱水燙過的蔬菜拌在一起稱為白和，使用白和來煮成醬汁就稱為卷纖汁（けんちん汁）。而把白和填入剖開的白肉魚裡蒸煮就稱為卷纖煮（けんちん煮），豆腐就像這樣在日本料理中被廣泛使用。

在中國，用豆腐製作而成的發酵食品稱為**豆腐乳**。那是將豆腐壓榨後去除水分並切成長方形，再加上麴封入瓶中。加入醪、鹽水、甜酒等進行熟成。沖繩也有類似的食品，稱為豆腐糕。

前面已經看過豆腐的製作方法，原理相當簡單。但是豆腐中還隱藏了一種科學上的重要現象。

豆漿（豆乳）寫成「乳」，跟牛乳相當類似。不是只有外表像，本質也很接近。

也就是我們之前談過的那樣（第8章第3節），**豆乳也是膠體溶液。膠體粒子是大豆的蛋白質，而分散介質當然是水**。

豆乳的膠體粒子的蛋白質是水溶性的，也就是親水膠體溶液，水分子可以緊密黏在膠體粒子的表面上，而這時鹵水加進來，也就是 $MgSO_4$。這是離子性化合物，溶於水中後就會游離成鎂離子（Mg^{2+}）跟硫酸離子（SO_4^{2-}）。

水分子非常喜歡離子，當然也不討厭蛋白質，但是離子來了之後就會往離子靠近，所以大豆蛋白質的周圍附著的水分子就會跑去鹵水那邊，結果大豆蛋白質就彷彿脫光了一

樣。這樣一來，阻止大豆蛋白質們互相靠近的原因就消失了。

　　就這樣，大豆蛋白質，也就是膠體粒子互相結合，變成固體並沉澱，那個成品就是豆腐。而這種過程以科學用語來說就叫做**鹽析**。

食品之窗

化妝品也是膠體！

　　日常生活中有很多膠體，都在等待鹽析的機會（接合並沉澱）。乳霜或乳液等液體狀的化妝品中很多都是膠體，例如碰上沾了汗的手後，就會被汗裡含有的離子化合物（鹽等）引發鹽析現象，膠體粒子也就會隨之沉澱並分離成兩層，這就稱為**膠體被破壞**。

　　化妝品的印象是很重要的，被破壞的膠體雖然不會變成有害物質，但化妝品分離成兩層感覺還是不好，就不會想塗在臉上吧，所以製作化妝品的人在這個部分最花心思。

11-3

高野豆腐是？

——類似冷凍乾燥法但又不同的獨特製程

凍豆腐，或是用據說是原產地的高野山來命名的「**高野豆腐**」（JAS中的正式名稱為凍豆腐），是一種大小為10 cmx7cm，厚5mm左右，又白又硬又輕，像餅乾一樣的傳統食品。這是一種保存食物，吃的時候要先用水還原，通常用於煮的料理。

就如其名，這是用豆腐製造的產物，把豆腐切成長方形薄片狀後，在冬天的高野山那樣寒冷的地方放一個晚上。如此一來，水分就會凍結而在豆腐中到處結出冰粒。

到了白天後，冰會融化成水，從豆腐裡釋出，豆腐片也就變得到處都是孔洞，一部分的水就會這樣逸失掉，但還有一部分會留在豆腐片中，到了晚上又再度凝固，然後又再製造出新的孔洞。

就這樣反覆數天後，豆腐片就變得到處都是空洞，就這樣乾燥，再透過冬天的太陽紫外線漂白，成為全白又硬邦邦的固體，這就是高野豆腐。

這種製程跟冷凍乾燥法不同，因為沒有在真空（低壓）環境下進行，水也沒有昇華。

11-4

蒟蒻、凍蒟蒻

——跟豆腐同樣是用鹽析的原理製成！

蒟蒻跟肉的脂肪一樣滑溜滑溜的,但也有彈性。究竟是用怎樣的原料、如何製作出來的呢?蒟蒻也是很難想像製作過程的其中一種食品吧。

蒟蒻是一種名為蒟蒻的植物的根,也就是用蒟蒻芋來製作的。蒟蒻這種植物是多年生草本植物,種下一年後秋天挖出,隔年春天又再種下讓根長大……像這樣反覆進行3～4年就會長成直徑30cm、重2～3kg的芋。要在每天秋天挖出是因為蒟蒻原產地(一般認為是印度或越南)在南方,沒有辦法適應日本冬天的寒冷。

將這些芋收成後燙過並剝皮,和等量的水一起放進攪拌機裡攪碎。這時再加上氫氧化鈣(熟石灰)$Ca(OH)_2$或碳酸鈉(Na_2CO_3)的水溶液攪拌,讓整體變成糊狀後放置30分鐘左右。

然後切成適當大小後加入充分的熱水,就這樣煮上20～30分鐘讓石灰溶出,蒟蒻就完成了。

蒟蒻的原料蒟蒻芋中,含有一種叫聚葡甘露糖的碳水化合物。這跟澱粉一樣是多醣類,是許多名為甘露糖的單醣結

合而成的物質。把蒟蒻磨碎的溶液中會有聚葡甘露糖的微粒子漂浮，也就是説跟豆腐一樣，蒟蒻也變成了膠體溶液。

這時加上氫氧化鈣或碳酸鈉等離子性質的物質，就跟做豆腐一樣會發生**鹽析**現象。所以**蒟蒻跟豆腐完全是用同樣的原理做成的**。

蒟蒻中會聚集聚葡甘露糖形成籠狀結構，裡面保有大量的水分，因此**蒟蒻重量的96～97％都是水的重量**。像這樣保有水的機制，跟尿布等使用的高吸水性高分子機制相同。

大眾熟悉的點心蒟蒻果凍，是用蒟蒻粉來代替明膠的果凍，有獨特彈性的口感很受喜愛的樣子。

將蒟蒻切成長方形，並用跟凍豆腐一樣的製程就可以製作出**凍蒟蒻**，裡面會產生小孔跟無數的空隙，而且因為基底柔軟、觸感也很軟，所以以前除了食用外，也會拿來幫小嬰兒洗澡。現在除了食用以外，聽説也會用在高級化妝品中。

11-5

麩是怎樣製作的？

——從小麥粉變成麩的過程

麩是使用了小麥粉中含有的蛋白質，也就是麩質的食材。古代中國的寺院等把它視為珍貴的蛋白質來源而十分重視，麩是由以下的方法製作出來的。

首先，在小麥粉中加入食鹽水，經過適當搓揉做出麵糰。在麵糰揉出黏性時，把麵糰放在布製的袋中，並在水裡繼續搓揉，如此一來，澱粉就會流出，最後留下口香糖狀的物質，這就是麩的原料「**麩質**」。

麩質成形後拿去蒸過，就稱為**生麩**。把生麩搓成小小的圓球狀，再用竹簾捲起來，或是用板狀的東西押出花形，就可以做出富有裝飾性的成品。

將生麩油炸後就會變成**炸麩**，水煮乾燥則會變成**乾麩**，而**烤麩**就是將上記的原料中加上小麥粉、泡打粉、糯米粉後揉製，再焙燒成的產物。也有烤成饅頭型的**饅頭麩**，或是年輪蛋糕狀，在棒上捲出無數層來烤的**車麩**。

用生麩把餡包起來後就稱為麩饅頭，會用竹葉之類包起來享用。另外，也有加入砂糖等來製作成棒狀的烤麩，會塗上溶化後的黑糖，稱為**麩菓子**。

肉凍、果凍、軟糖的原料是？

——放了鳳梨的果凍為何不會凝固？

　　把魚的湯放進冰箱後，湯會凝固變成凍，這在法語中叫作肉凍（aspic），是豪華料理的第一道菜。而果凍或軟糖可以當成是用這種原理精製化的產物。

　　魚或肉的煮汁中會溶出一種蛋白質，也就是所謂的膠原蛋白。膠原蛋白是一種彷彿3根線綁成麻花辮那樣的長分子，有一種說法是動物的蛋白質中，有3分之1都是膠原蛋白。

　　溶液溫度比常溫高時，膠原蛋白就會在溶液中自由活動，所以煮汁是液體。但是**冷卻後就會失去熱能，並且凝固**。這就是之前提過從sol變成gel的變化，此時膠原蛋白會形成籠狀結構，讓液體保持在其中，跟蒟蒻是同樣的原理，這就是肉凍（aspic）。

　　把純粹的膠原蛋白提取出來後的產物就是明膠。明膠溶於水後會成為溶液狀，冷卻後會變成籠狀的固體結構，裡面則會容納果汁等液體，這就是果凍。也就是說，如果為了讓關節可以平順活動，想要多攝取膠原蛋白的話，吃果凍是最快且確實的方法，而且又很便宜。

說到果凍就會想到點心的果凍，但是當成點心來吃的果凍中，明膠的濃度很低，另外，也有加入蔬菜等的鬆軟型果凍。

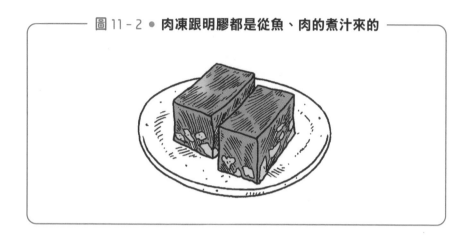

圖 11－2 ● 肉凍跟明膠都是從魚、肉的煮汁來的

明膠溶液的凝固溫渡是 20 ～ 28℃，而比這高 5℃左右就會融化變回液體。

有人說加入奇異果或鳳梨等的果凍不會凝固。理由就是這些植物裡含有很多蛋白質分解酵素，製作這類果凍時，必須預先把果實煮過等進行加熱，讓酵素失去活性才行。

另外，軟糖是把果凍中的明膠量增加後的產品。

寒天凍、乾燥寒天

——比明膠口感更好的植物性原料

　　日本傳統料理中有一種**寒天凍**，或是單稱為**寒天**。外表是半透明跟果凍一樣，但是觸感非常柔滑有種滑順的感覺。

　　寒天凍是由海藻的石花菜所製作出來的東西，把石花菜用水煮過，再過濾去除雜質，將液體部分放在常溫下後就會凝固成半透明的固體。寒天的凝固溫度為33 ～ 45℃，融化的溫度是85 ～ 95℃，比果凍高很多。這種變化就是在第8章第3節已經提過的，膠體從有流動性的sol變成沒有流動性的gel。

　　把寒天溶液加以調味，並加入蔬菜或魚肉等凝固後就是寒天凍。寒天的原料是洋菜糖（瓊脂糖）或膠瓊硫糖等多醣體，也就是一般稱為植物纖維的其中一種。把石花菜水煮後這種成分會溶解出來，冷卻後形成籠狀的固體，跟果凍是同樣的原理。但是**寒天的成分不是蛋白質，所以酵素無法阻止它凝固**。因此，奇異果或鳳梨等因為有蛋白質分解酵素，不能放進果凍中的水果，如果要做成果凍的話，有時就會拿洋菜（寒天）來當作明膠的代用品。

　　洋菜幾乎沒有熱量，所以用洋菜做出的寒天麵是很受歡

迎的減肥食品。

　　把沒有調味的寒天凍切成羊羹狀，然後用跟高野豆腐一樣的做法，就可以做出乾燥食材的乾燥寒天，或是單純稱為寒天，會拿來當成寒天凍的原料使用。

　　乾燥寒天的種類有斷面是3cm的正方形、長20cm的棒狀（棒寒天），也有細長狀的產品（線寒天），還有粉狀的粉末寒天等。不論是哪種，用水煮過後將溶液放在室溫下就會凝固，變成寒天凍。

　　雖然不是人類在吃，但培養微生物時的「寒天培養基」也受到廣泛應用。

圖 11 - 3 ● **用寒天培養基進行微生物研究**

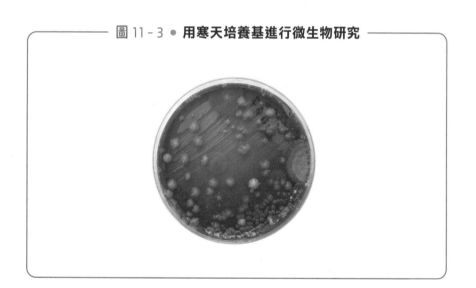

受歡迎的椰果、珍珠

——原料是椰子和樹薯的澱粉

○椰果

看起來像是烏賊生魚片的「椰果」，幾乎是由菌所合成的纖維素，所以是一種類似菇類菌絲體的東西。

椰果的主原料是椰子的果實。椰子堅固的殼中，有黏稠的果肉部分和液狀的椰子汁。椰子汁加上水跟砂糖後，再加上一種醋酸菌—木質醋酸菌並使之發酵。這樣的話，表面就會漸漸形成膜，2週後膜的厚度會達15mm，這時把膜取出就是所謂的椰果。

日本一般販售時會把這個膜切成容易吃的大小，去除酸後浸在糖漿裡。椰果（Nata de coco）在西班牙語中，「Nata」是漂在液體表面的皮，「de」類似英文的of，「coco」是椰子的意思。正如其名，就是「漂在椰子汁表面的皮」。

○珍珠

珍珠跟椰果口感很相似，但兩者是完全不同的食物，製作方法也完全不同。

珍珠是由樹薯這種植物的根來採出的澱粉，會叫做珍珠是因為將樹薯粉做成顆粒狀用在點心中，所以稱為珍珠。

　　珍珠的製作方法是將原料樹薯粉（澱粉）加上水後變成糊狀，再放入專門的容器，用滾的方式像滾雪人一樣做成球狀，乾燥後就是珍珠了。之後要水煮還原才能加入點心中或是法式清湯裡。

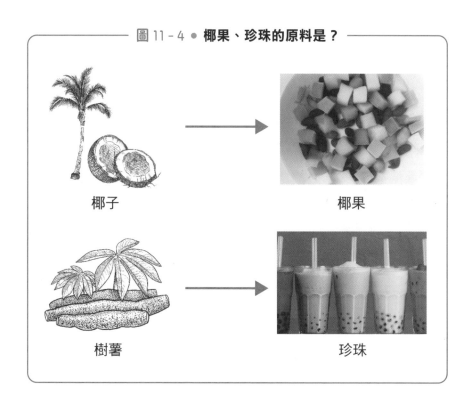

圖 11-4 ● 椰果、珍珠的原料是？

椰子

椰果

樹薯

珍珠

11-9

🧈 果醬、棉花糖令人意外的真面目

──為什麼製作果醬需要「酸」呢？

◯「草莓＋砂糖」是沒辦法變成果醬的！

果醬是隨處可見的食品，或許有人會像這樣「只要把草莓加砂糖一起煮就會變成果醬！」想得很輕鬆也説不定？

草莓用砂糖煮過，也就只會是「糖煮草莓」而已，只是把水跟果實分離，並不會成為像草莓果醬那樣的糊狀物。

果醬是溶出果實中含有的果膠這種多醣類，並把它集結固化成固體的黏液狀。**製作果醬必須要在果實中加入砂糖跟酸一起煮**，為什麼酸是必要的呢？

◯**煮**：水煮果實後會破壞細胞壁，溶解出形成細胞壁的果膠成分。

◯**加砂糖**：溶出的果膠會跟很多水分以溶劑化狀態結合，因此果膠會被水妨礙而無法互相結合。此時有吸水力的砂糖會除去水分，也就是類似膠體發生鹽析的現象，只是**製作果醬是用糖代替鹽來脫水**。

◯**加入酸**：果膠是酸 RCOOH 的一種。酸在果實中會游離成陰離子 $RCOO^-$ 跟氫離子 H^+。

氫離子H$^+$在果實中會四散並隱藏起來。

$$RCOOH \rightarrow RCOO^- + H^+$$

為了做出果醬必須把RCOO$^-$集結起來，但在陰離子狀態下，它們會因為靜電互相排斥，而無法聚集在一起，因此，**加入酸後會增加H$^+$，如此一來，RCOO$^-$就能變回RCOOH，可以聚集並固化**。

柑橘醬只是用果實的皮代替果實，其他作法跟果醬幾乎相同。

Fruiche（日本好侍食品公司的乳製點心）是在牛乳中加入果膠來固化，牛奶中的鈣離子（Ca^{2+}）會取代H$^+$而跟RCOO$^-$的陰離子中和，使得果膠可以聚集固化。

○棉花糖是動物性食品！

棉花糖看似是植物性食品，實際上，棉花糖**是用明膠跟蛋白來製作，完全是動物性食品**。棉花糖是用以下的方式製造的。

在鍋裡放入砂糖、麥芽糖、水後開火，煮乾後製作出熱糖漿，再將打發的蛋白霜中以像是拉絲一樣的方式滴入熱糖漿混合，然後再把用水還原的明膠快速加入，充分起泡。在模具中灑上玉米粉跟砂糖粉，再加入棉花糖的料後使之成型。完成後為了不讓它沾黏，在表面灑上澱粉後就完成了。

索 引

國家圖書館出版品預行編目（CIP）資料

食品的科學：烹飪、營養、美學與科學，滿足你對食物的
好奇心！／齋藤勝裕著；張資敏譯 . -- 初版 . -- 臺中市：
晨星出版有限公司，2022.06
　　面；　公分 . --（知的！；193）

譯自：「食品の科学」が一冊でまるごとわかる

ISBN 978-626-320-120-0（平裝）

1.CST: 食品科學

463　　　　　　　　　　　　　　　　　111004697

知
的
！

193

食品的科學

烹飪、營養、美學與科學，滿足你對食物的好奇心！
「食品の科学」が一冊でまるごとわかる

填回函，送 Ecoupon

作者	齋藤勝裕
內文設計	三枝未央
內文圖版	あおく企畫
內文插畫	あおく企畫・角愼作
譯者	張資敏
編輯	吳雨書
封面設計	許瑜容
美術設計	黃偵瑜

創辦人	陳銘民
發行所	晨星出版有限公司
	407台中市西屯區工業30路1號1樓
	TEL:（04）23595820　FAX:（04）23550581
	E-mail:service@morningstar.com.tw
	http://www.morningstar.com.tw
	行政院新聞局局版台業字第2500號
法律顧問	陳思成律師
初版	西元2022年06月15日　初版1刷

讀者服務專線	TEL:（02）23672044／（04）23595819#212
讀者傳真專線	FAX:（02）23635741／（04）23595493
讀者專用信箱	service@morningstar.com.tw
網路書店	http://www.morningstar.com.tw
郵政劃撥	15060393（知己圖書股份有限公司）
印刷	上好印刷股份有限公司

定價420元

ISBN 978-626-320-120-0
" SHOKUHIN NO KAGAKU " GA ISSATSU DE MARUGOTO WAKARU
© KATSUHIRO SAITO 2019
Originally published in Japan in 2019 by BERET PUBLISHING CO., LTD.,Tokyo,
translation rights arranged with BERET PUBLISHING CO., LTD.,Tokyo,
through TOHAN CORPORATION, TOKYO and JIA-XI BOOKS CO., LTD., New
Taipei City.